いつも決断に自信がもてない人のための
【数学的】意思決定トレーニング
情報の整理から微分・積分的発想まで

Hiroyuki Nagano
永野 裕之

PHPビジネス新書

はじめに

意思決定は、私たちが日々繰り返し行っている行為です。

仕事でプロジェクトの進め方を決めるとき、家庭の予算を組むとき、人生の進路を選ぶとき——どのような場面でも、私たちは常に判断を下しています。それぞれの判断は時に大きな影響力をもち、私たちの生活の質や未来を左右することもあるでしょう。

しかし、複雑な情報が絡み合う現代社会において、膨大な数の選択肢から「正しい」意思決定を行うのは容易なことではありません。情報の取捨選択やリスク評価を行い、様々な可能性を考慮する必要があるからです。

なぜ意思決定に数学が必要なのか

本書は、意思決定の質を高めるために「**数学**」を活用することを提案します。なぜでしょうか？ それは、数学が長い歴史の中で磨き上げられてきた「**論理的に考えるための道具**」だからです。

「数学」と言っても、複雑な公式や難解な計算をもち出すつもりはありませんので安心してください。

数式は極力避けつつ、日常生活で遭遇する問題を解決し、より良い意思決定を行うために必要な、本質的な数

学的思考力をお伝えしたいと思っています。それは、いかなる状況に対しても冷静に対処し、最も合理的な選択を行うための強力な力です。

　数学的思考力を駆使することで、より確かな意思決定が可能になります。

　たとえば、投資判断をするときには、膨大なデータを分析してリスクとリターンを比較しなければなりません。また、職場でプロジェクトを進める際には、複数の選択肢を考え、それぞれの可能性や影響を評価する必要があるでしょう。

　これらを感覚や直感だけに頼ると、思い込みやバイアスが入り込み、誤った判断をしてしまう可能性が高まります。

　一方、数学的な思考を取り入れれば、情報を正確に整理し、選択肢を客観的に比較できるようになります。

特に重要な数学的スキルを厳選

　数学が扱う分野は広大ですが、本書では**意思決定に直結する内容**だけに焦点を当てました。

　本書の内容は、大きく分けて4つのセクションに分かれます。以下、かいつまんで紹介します。

第1部：第1章〜第4章

　このセクションでは、情報を整理し、数字に強くなるためのスキル、いわば**数学的に意思決定する上での基礎力**を磨いていただきます。

第1章「情報を整理する」では、分類や表、グラフを用いて複雑なデータを視覚的に整理する方法を紹介します。

第2章「今度こそ、割り算を理解する」では、割り算には2つの意味があることを明らかにした上で、割合や単位量あたりの大きさといった基礎概念を丁寧に解説しています。これらは、ビジネスにおけるコストパフォーマンスの評価や、生活における時間配分の最適化など、様々な場面で活用されます。

第3章「計算（暗算）のテクニックを身につける」では、19×19までの掛け算、近似値の出し方などの計算（暗算）のテクニックを紹介します。数に強い人の多くは、特別な能力をもっているわけではありません。ここで紹介するテクニックを「知識」としてもっていて、それが使える場面で活用しているだけです。

第4章「数値化の鬼になる」では、定量化やフェルミ推定といったスキルを取り上げます。物事を具体的に数値で捉える力を養い、自ら「数字を作れる人」を目指します。

第Ⅱ部：第5章〜第7章

続いて、第Ⅱ部は**論理的思考力を養い、戦略的に意思決定を行うための手法を学ぶ**セクションです。

第5章「論理的になる」では、必要条件や十分条件、背理法といった論理の基本を理解し、誤った推論を避ける力を身につけていただきます。

第6章「掛け算的に発想する」では、発想力を広げる

ための技術として、マトリックスの作り方や次元を増やしてイノベーションを生む方法を学びます。これらが身につけば、複数の要素を組み合わせ、新たな視点から、より創造的な意思決定ができるようになるでしょう。

　第7章「ゲーム理論を知る」では、現代的な意思決定に欠かせないゲーム理論の中から、囚人のジレンマと交互進行ゲームを学びます。これらを通して競争やリスクのある場面での判断力を鍛えます。

第Ⅲ部：第8章〜第9章

　このセクションでは、**不確実性を含む状況下での意思決定に役立つツールを学びます。**

　第8章「確率を正しく理解する」では、ものの個数を知性的に数える方法を確認した上で、確率と期待値について学びます。特に確率は誤用の多い用語でもありますので、正しい意味を今一度確認するようにしてください。

　第9章「統計の理解と利用」では、平均、標準偏差、仮説検定といった統計学の基本的な概念を学びます。現代は、人類史上最も「数字がものを言う時代」です。今や、統計リテラシーは、ビジネスマンに必須(ひっす)の素養になったと言って良いでしょう。

第Ⅳ部：第10章〜第11章

　最後の第Ⅳ部は、**具体と抽象(ちゅうしょう)、ミクロとマクロといった2つの相反(あいはん)する視点を自由に行き来する、より進んだ意思決定の方法を学ぶセクションです。**

　第10章「具体と抽象」では、抽象的な考え方と具体

例を行き来することで、深い洞察を得る方法を紹介します。また現代数学の中心的話題である「トポロジー」の発想を、意思決定に活かす方法についても紹介します。

第11章「微分・積分的発想を身につける」では、微分（ミクロ）の視点と積分（マクロ）の視点を使いこなすコツをお伝えします。微分・積分と言っても、難しい数式は一切出てきません。その発想のエッセンスのみを紹介し、変化する対象を長期的・動的に捉える力を養います。

本書の取り組み方

本書はどのセクションも「問題→数学的内容の解説→問題の解答→問題の解説」という構成になっています。ただし、収録されている問題は、決して簡単なものばかりではありません。むしろ、わざと抽象度の高い問題を含めました。

それは、読者の皆さまに**「自分なりに考える」**という体験をしていただきたいからです。

本書の問題に取り組む中で、「なぜそうなるのか？」「他に方法は考えられないか？」と自問自答し、**試行錯誤するプロセスこそ、数学的思考力を鍛えるための貴重な経験**となります。

また、本書には、Apple、Nike、IKEA、セブン‐イレブンといった**大企業で行われた数学的な意思決定の例**を、ふんだんに盛り込みました。

さらに、キューバ危機のような**歴史上の事件**や、デカ

ルトやアインシュタインといった**偉人たちの言葉**など、数学を意思決定に取り入れる際のヒントになりそうな話題も、紙幅の許す限り紹介しています。

多くの実例を通して、数学的に意思決定することの意義を感じていただけたら幸いです。

本書の内容は、学校教育のように知識を試すためのものではありません。

それよりも、読者の皆さまが人生や仕事の中で「決めるべきこと」に向き合う際、数学的な視点をもつことで、より良い選択ができるようになることを目指しています。

日々の意思決定の中で迷ったり、壁にぶつかったりすることは、誰にでもあります。そんなときに、本書が、物事を整理し、納得のいく判断を下せるようになるための一助になれば、筆者としてこれ以上の喜びはありません。

それでは、ページをめくり、数学的に意思決定を行うトレーニングを始めてみましょう。考えることの楽しさ、そして意思決定力が高まる実感を、ぜひ味わってください。

永野裕之

目次	いつも決断に自信がもてない人のための **【数学的】意思決定トレーニング** 情報の整理から微分・積分的発想まで

はじめに ………………………………………………………………… 3

第 I 部

第1章　情報を整理する …………………… 16

分類 ……………………………………………………………… 17
《モレもダブりもない分類＝MECEな分類》……………… 17
《分類の効果①　困難を分割できる》……………………… 18
《数学における困難の分割》………………………………… 19
《分類の効果②　情報が増える》…………………………… 20
《なぜMECEでなければならないか》……………………… 21

表の利用 ………………………………………………………… 23
《表を利用するべき場面とそのメリット》………………… 23
《クロス表とカルノー図》…………………………………… 24

4種類のグラフ ………………………………………………… 28
《記述統計の基本》…………………………………………… 28
《数量を比較する「棒グラフ」》……………………………… 29
《時間経過に伴う変化を示す「折れ線グラフ」》………… 29
《構成比を比較する「円グラフ」》…………………………… 29
《構成比の時間経過に伴う変化を示す「帯グラフ」》…… 30

図解 ……………………………………………………………… 32
《分数の割り算を図解する》………………………………… 32
《図解のメリット》…………………………………………… 34
《図解に適した情報とは》…………………………………… 35

チェックリスト ……………………………… 37
《チェックリストを利用するメリット》……… 38
《チェックリスト作成のポイント》…………… 39

第2章　今度こそ、割り算を理解する …… 42

等分除と包含除 …………………………… 43
《割り算は掛け算の逆算》……………………… 44
《等分除とは》…………………………………… 45
《包含除とは》…………………………………… 46

割合 ………………………………………… 49
《大人でも割合が苦手な人は多い》…………… 50
《割合を読み替える》…………………………… 50
《基準が異なる数値どうしを比べる》………… 51
《割合を図解する》……………………………… 52
《割合は包含除》………………………………… 53

単位量あたりの大きさ …………………… 55
《単位量あたりの大きさは等分除》…………… 56
《単位量あたりの大きさの求め方》…………… 56
《数字の意味を伝わりやすくする》…………… 58

第3章　計算(暗算)のテクニックを身につける …… 61

小数と分数の関係 ………………………… 62
《特別な小数が登場する掛け算》……………… 63
《特別な小数が登場する割り算》……………… 64

平方数 ……………………………………… 67
《平方数の語呂合わせ》………………………… 68
《平方数の暗記が役立つとき》………………… 69

《差が偶数の掛け算》……70

19 × 19 までの掛け算……72
《19 × 19 までの掛け算を暗算する手順》……73
《この方法で計算できる理由》……73
《図解すると……》……75

近似値の出し方……77
《近い数どうしの掛け算》……78
《「ほぼ逆数」の利用》……79

第4章 数値化の鬼になる……84

定量化……85
《定性的と定量的》……86
《定量化のススメ》……87

有効数字に慣れる……91
《有効数字の基本》……91
《有効数字を使うメリット》……92
《有効数字の計算》……94

大きな数字の捉え方……96
《日本語読みとアメリカ英語読み》……96

フェルミ推定……99
《「だいたいの値」を見積もる達人エンリコ・フェルミ》……99
《「だいたいの値」を見積もることの意味》……100
《フェルミ推定の手順》……101

スケールダウンの妙……108
《宇宙のスケールダウン》……109
《国家予算のスケールダウン》……110

第 II 部

第5章 論理的になる ……………………… 114

定義の確認 ……………………………………… 115
《「常識」は通用しない》……………………………… 117
《意味が曖昧になりがちな言葉》…………………… 118

必要条件と十分条件（1）……………………… 122
《日常語では誤解しやすい「必要」「十分」の意味》… 123

必要条件と十分条件（2）……………………… 127
《何かを選ぶときは必要条件を重ねる》…………… 127
《命題とその真偽》…………………………………… 129
《証明したいときは十分条件を意識する》………… 130

対偶――論理のすり替えを見抜く ………… 133
《命題の逆・裏・対偶》……………………………… 134
《ある命題とその対偶の真偽が一致する理由》… 135

背理法――不可能を証明する方法 ………… 138
《背理法とは》………………………………………… 139
《背理法が活躍するケース》………………………… 140

第6章 掛け算的に発想する ………………… 142

マトリックスの作り方 ……………………………… 143
《アイゼンハワー・マトリックス》…………………… 144

次元を増やしてイノベーションを生む ……… 149
《次元とは》…………………………………………… 149
《ビッグバンと虚時間――次元に秘められた可能性》… 151
《新しい方向に次元を増やす》……………………… 152

第7章 ゲーム理論を知る ……154
囚人のジレンマ ……155
《合理的な選択が最良の選択にならないケース》……156
《囚人のジレンマの応用例》……158
囚人のジレンマを解消するには ……160
《ゲーム理論の成り立ち》……160
《「非協力」の場合の罰則を設ける》……161
交互進行ゲーム ……166
《交互進行ゲームとは》……167
《バックワードインダクション》……169

第 III 部

第8章 確率を正しく理解する ……172
知性的に数える（1）　順列 ……173
《場合の数の4つの数え方》……174
《順列の数の求め方》……175
《階乗》……176
知性的に数える（2）　組合せ ……179
《組合せの数の求め方》……179
確率――未来の可能性を数値化する ……184
《確率とは「起こりやすさの程度」》……185
《確率は3種類ある》……185
期待値 ……190
《期待値とは》……191
《期待値の求め方》……193

第9章 統計の理解と利用 ... 195
いろいろな平均 ... 196
《算術平均 arithmetic mean》 ... 197
《幾何平均 geometric mean》 ... 197
《調和平均 harmonic mean》 ... 199
《n 乗根について》 ... 201
標準偏差 ... 206
《統計は2種類ある》 ... 207
《標準偏差とは》 ... 207
《分散と標準偏差》 ... 208
《偏差の平均が必ず0になる理由》 ... 213
仮説検定 ... 216
《仮説検定とは》 ... 216
《仮説検定の手順》 ... 218
《仮説検定の注意点》 ... 219

第 IV 部

第10章 具体と抽象 ... 224
思考実験 ... 225
《思考実験の例①　テセウスの船》 ... 225
《思考実験の例②　鶴亀算》 ... 226
《思考実験の活用方法》 ... 228
《思考実験のトレーニング方法》 ... 229
上手な喩えの作り方 ... 231
《喩えが効果的な理由》 ... 232
《数学が得意な人は喩えが上手い》 ... 233
《上手な喩えを作るポイント》 ... 234

帰納と演繹の使い分け ……………………… 238
  《帰納法と演繹法》……………………………… 239
  《帰納法の弱点》………………………………… 241
  《演繹法の弱点》………………………………… 242
  《帰納的思考と演繹的思考を組み合わせる》…… 243

トポロジー的発想 …………………………… 246
  《トポロジーとは》……………………………… 246
  《Nike と Apple のコラボレーション》………… 248
  《トポロジー的発想を育む方法》………………… 249

第 11 章　微分・積分的発想を身につける … 252

微分 ……………………………………………… 253
  《微分は「ミクロな視点」》……………………… 253
  《ミクロな視点がもたらした成功》……………… 254
  《微分することで隠れた情報が明らかになる》… 255

積分 ……………………………………………… 260
  《積分は「マクロな視点」》……………………… 260
  《マクロな視点がもたらした成功》……………… 262

微積分学の基本定理 ………………………… 266
  《ミクロとマクロ》……………………………… 266
  《微分と積分の起源》…………………………… 268
  《微積分学の基本定理の発見》………………… 269
  《驚くべき表裏一体の関係》…………………… 271

おわりに …………………………………………… 276

第 I 部

第 1 章

情報を整理する

ねらい

　第1章では、数学的に意思決定を行うために、情報を整理するトレーニングをしていきます。

　整理と言っても、散らばったものを綺麗に並べる、という意味での整理ではありません。

　情報の質を上げたり、隠れた情報を引き出したりするための、**発展的・生産的な整理**です。

　どれも、**数学でよく使う考え方**をヒントにしています。

分類

【問題1】
　飲食店をモレやダブリがないように分類したいと思います。以下の｛　｝の項目で分類する場合、(ア)～(エ)のどの分類が良いでしょうか？
(ア)｛日曜営業・日曜定休日｝
(イ)｛デリバリー・テイクアウト・イートイン｝
(ウ)｛和食・洋食・中華｝
(エ)｛雰囲気重視・料理重視｝

《モレもダブリもない分類＝MECEな分類》

　モレもダブリもない分類のことをMECEな分類と言います。ロジカルシンキングに関する本では必ずと言って良いほど登場するのでご存じの方も多いでしょう。
　MECEは "Mutually Exclusive, Collectively Exhaustive" の頭文字で、直訳すると「相互に排他的で、全体として網羅的」という意味です。
　そもそも、なぜ分類が大切なのでしょうか？
　それは、分類によって次の2つの効果が期待できるからです。

①困難を分割できる
②情報が増える

《分類の効果①　困難を分割できる》
　かつて、フランスの哲学者であり数学者であった**ルネ・デカルト（1596-1650）**は『方法序説』の中で次のように書きました。

「難問の一つ一つを、できるだけ多くの、しかも問題をよりよく解くために必要なだけの小部分に分割すること」　　　　　　　（『方法序説』谷川多佳子訳・岩波文庫）

　要は「困難は分割せよ」ということですね。
　引っ越しに喩(たと)えてみましょう。
　引っ越しには、荷物の整理と運搬、役所関連の手続きなど膨大な量のタスクがあって、どこから手をつけたら良いのか途方(とほう)に暮れがちです。
　しかし、たとえば以下のように分類すれば、効率よく作業が進められる上に「これならできそう」とやる気も起きてくるのではないでしょうか。

〔事前準備〕
・引っ越し業者の選定
・荷造りリストの作成
・不用品の処分
・転出届の提出
など

〔当日〕

・荷物の搬出・搬入
・電気・ガス・水道の手続き
・新居の片付け
・近所への挨拶
など

〔事後処理〕
・住所変更の手続き
・荷物の解体
など

《数学における困難の分割》

数学ではこんな問題があります。

「n を整数とする。どのような n についても、n^2 を 3 で割った余りは決して 2 にならないことを証明せよ」

すべての整数について、その 2 乗を 3 で割った余りを調べるなんて途方もない印象を受けるかもしれません。
しかし、n を 3 で割った余り（0、1、2）で分類すれば、たった 3 パターンを考えるだけで済みます。

（解答例）
（ⅰ）$n = 3k$ のとき（k は整数）

$$n^2 = (3k)^2 = 9k^2 = 3 \cdot 3k^2$$

$3k^2$ は整数なので、n^2 を3で割った余りは0。

(ⅱ) $n = 3k + 1$ のとき (k は整数)

$$n^2 = (3k+1)^2 = 9k^2 + 6k + 1 = 3(3k^2 + 2k) + 1$$

$3k^2 + 2k$ は整数なので、n^2 を3で割った余りは1。

(ⅲ) $n = 3k + 2$ のとき (k は整数)

$$n^2 = (3k+2)^2 = 9k^2 + 12k + 4 = 3(3k^2 + 4k + 1) + 1$$

$3k^2 + 4k + 1$ は整数なので、n^2 を3で割った余りは1。

(ⅰ)〜(ⅲ) より、n が整数のとき、n^2 を3で割った余りが2になることはない。

(証明終わり)

以上が、**分類による困難の分割**です。

《分類の効果②　情報が増える》

たとえば平行四辺形には次の4つの性質があります。

①2組の対辺が平行である
②2組の対辺の長さが等しい
③2組の対角の大きさが等しい
④対角線が互いに中点で交わる

もし、ある四角形が平行四辺形に分類できることがわかったとすると、その四角形はこれらの性質をすべてもっていることになり、図形から得られる情報が一気に増えます。

分類によってある属性をもつことがわかると、**情報が格段に増える**ケースは少なくありません。

《なぜMECEでなければならないか》

MECEな分類を心がけることは、数学的≒論理的に意思決定するときの基本です。

なぜなら、モレがなければすべての可能性を吟味できますし、ダブリがなければ**効率よく議論を進められる**からです。

解答　（ア）

解説

（ア）…モレもダブリもないMECEな分類です。
（イ）…モレはありませんがダブリがあります。1つの飲食店が複数のサービス形態をもつ場合があるからです。
（ウ）…ダブリはありませんがモレがあります。ベトナム

料理や創作料理、和洋折衷(せっちゅう)料理の店などが分類できません。
(エ)…モレもダブリもあります。雰囲気も味も両方良くない店、両方良い店などがあるからです。

表の利用

【問題2】
100人を対象に「2つの商品AとBを買ったことがありますか?」というアンケートを行ったところ、Aを買ったことがある人が50人、Bを買ったことがある人が30人、どちらも買ったことがない人が40人でした。両方買ったことがある人の人数を求めなさい。

一見して、情報が少なすぎると思われたかもしれません。しかし後で見るように、表に整理すれば、意外にも必要な数字はすべてそろっていることがわかります。

そもそも、情報を表にまとめるべき場面とそのメリットには、どのようなものが考えられるでしょうか。

《表を利用するべき場面とそのメリット》

①複数の項目を比較したいとき

たとえば、複数の部下の能力を客観的に把握したいときは、営業力、企画力、分析力、リーダーシップなどの**複数の項目について比較**するでしょう。そんなときは表を用いればわかりやすくなります。

②データの構造を知りたいとき

表にすれば、与えられた情報の対応関係、隠れた情報、欠けている情報などが見えます。つまり、**データの構造**

が明らかになります。

③意思決定のプロセスを記録・共有したいとき

　意思決定を行う際、表を利用して関連するデータを明示すれば、意思決定の**プロセスが明確**になり、その透明性と説明責任を確保できます。

《クロス表とカルノー図》

　ここからは具体的な作業に入っていきましょう。

　冒頭の【問題2】を表にまとめようとするとき、下のような表を書こうとする人は多いのではないでしょうか？

《クロス表》

商品		買ったことがある	買ったことがない
	A	50	?
	B	30	?

　しかし、このタイプの表では対象人数が100人であることや、どちらも買ったことがない人が40人、という情報を入れる欄がありません。そのため、「商品Aを買ったことがない人」や「商品Bを買ったことがない人」の人数を表から計算することができません。

　さらに問題で問われている「両方買った人数」を表から計算することもできません。つまり適切な表を作成しなければ、「**隠れている情報**」を見つけることはできないのです。

左頁の表は、行見出しに商品の種類（AかB）、列見出しに購入の有無（ある、なし）を入れて、表の交点にそれぞれの人数が入っています。このような表を「**クロス表**」と言います。

　クロス表では、2つの項目の一方を縦軸に、もう一方を横軸にとって、両者の交わるところに該当するデータの数字を入れます。**質問項目が2つ以上あるときに一般的に用いられる集計方法**です。

　一方、縦軸と横軸にそれぞれ商品Aと商品Bの購入の有無をまとめた下のような表はどうでしょうか？

B \ A	ある	ない	計
ある	オ	ウ	30
ない	エ	40	イ
計	50	ア	100

　この表は、いわゆる**ベン図**と対応させることができます。

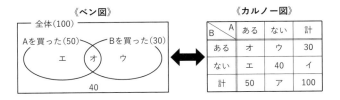

　ベン図は、複数の集合の共通部分（オ）や、一方の集合には含まれるけれども他方の集合には含まれない部分（エやウ）などが視覚的に直観できるように図示された図です。

ベン図に対応する前頁の右のような表を「**カルノー図**」と言います。もともとは記号論理学の論理式を簡単に示すためにアメリカの数学者**モーリス・カルノー（1924-2022）**が考案した表なのでこう呼ばれるようになりました。

　与えられた情報がカルノー図にまとめられるかどうかは、ベン図を作成できるかどうかで判断できます。本来、カルノー図は論理の関係を視覚化するためのものであり、集合の関係を視覚化するベン図とは別物です。ただし大概、ベン図が描ける情報は、カルノー図にまとめられると考えて良いでしょう。

　今回の【問題2】もベン図に表せるので、カルノー図が作成できるというわけです。

| 解答 |　20 人

| 解説 |

　問題の情報をカルノー図にまとめれば「どちらも買ったことがない 40 人」を入れる欄があります。

　また前頁では数字が入っていなかったア〜オの欄も、以下のように**芋づる式に数字が入ります。**

$$50 + ア = 100 \Rightarrow ア = 100 - 50 = 50$$
$$30 + イ = 100 \Rightarrow イ = 100 - 30 = 70$$
$$ウ + 40 = ア \Rightarrow ウ = ア - 40 = 50 - 40 = 10$$
$$エ + 40 = イ \Rightarrow エ = イ - 40 = 70 - 40 = 30$$
$$オ + エ = 50 \Rightarrow オ = 50 - エ = 50 - 30 = 20$$

第Ⅰ部　第1章　情報を整理する

　カルノー図を用いることで問題では**明示されていなかった情報が出てきました**。

　以上の数字を入れると、最終的には以下のようになります。

B \ A	ある	ない	計
ある	**20**	10	30
ない	30	40	70
計	50	50	100

4種類のグラフ

【問題3】
　次の（1）〜（4）のデータをグラフで表すときに、それぞれ最も適したものを選択肢の（ア）〜（エ）の中から選びなさい。
（1）市場を構成する各社のシェアの推移
（2）企業の1年間の月別売上高
（3）ある製品の原材料構成比
（4）各学校の生徒数
〔選択肢〕
（ア）棒グラフ
（イ）折れ線グラフ
（ウ）円グラフ
（エ）帯グラフ

《記述統計の基本》

　調査して集めた**データ全体の傾向や性質をわかりやすくまとめる手法を記述統計**と言います。中でも最も基本的な方法はグラフにまとめることです。

　プレゼンの資料や広告などでデータを主張の根拠に使うとき、グラフは欠かせません。なぜなら、グラフは**直観的で伝わりやすい**からです。

　ただし、データの種類によって適するグラフは違います。

それぞれに適したグラフを用いないと、伝わる情報が減ってしまうだけでなく、間違って伝わってしまうこともあるので気をつけましょう。

グラフには大きく分けて、次の4種類があります。

①棒グラフ
②折れ線グラフ
③円グラフ
④帯グラフ

それぞれ、次の特徴があります。

《数量を比較する「棒グラフ」》

棒グラフはカテゴリーごとの**数量の比較**に適しています。データが個別のグループに属しており、それぞれのグループの大きさや数量を比較する場合に使用します。
例）各国のGDPの比較、ブランド別の販売数量

《時間経過に伴う変化を示す「折れ線グラフ」》

折れ線グラフは**時間経過に伴う変化**を示すのに適しています。時間とともに変動するデータや、トレンドを視覚的に表現したいときに使います。
例）月別の気温変化、株価の変動

《構成比を比較する「円グラフ」》

円グラフは**構成比の比較**に適しています。全体の100％の中で、各セグメントがどれくらいの割合を占めてい

るかを視覚的に表示します。
例）予算の配分、アンケートの選択肢ごとの回答率

《構成比の時間経過に伴う変化を示す「帯グラフ」》

帯グラフは**構成比の時間経過に伴う変化**を示すのに適しています。棒グラフと似ていますが、棒が横向きに表示され、帯全体を100%とする点が異なります。
例）収入源の内訳の推移、年代別の人口比の推移

解答 （1）…（エ） （2）…（イ） （3）…（ウ）
（4）…（ア）

解説

（1）…市場シェアの推移は「構成比の時間経過に伴う変化」なので、**帯グラフ**を使います。

市場シェアの推移

■企業A ■企業B ■企業C ■企業D ■企業E

年	企業A	企業B	企業C	企業D	企業E
1940年	50%		40%	5%	5%	0%
1960年	40%		30%	10%	20%	0%
1980年	30%		30%	5%	30%	5%
2000年	25%	25%	20%	10%	20%	
2020年	10%	10%	30%	20%	30%	

（2）…企業の1年間の月別売上高は「時間経過に伴う変化」なので**折れ線グラフ**を使います。

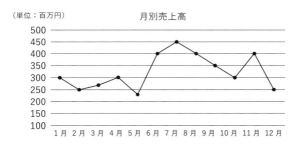

(3) …ある製品の原材料構成比は「構成比の比較」なので**円**グラフを使います。

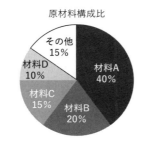

(4) …各学校の生徒数は「数量の比較」なので**棒**グラフを使います。

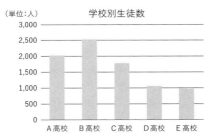

図解

【問題4】
以下の文章の内容を「図解」してください。
「人が言語を操ったり論理的に考えたりするときは左脳が働き、ものの形や位置を把握したり直観を働かせたりするときには右脳が働くと言われています。また、左脳は『デジタル脳』とも呼ばれ、直列に並べた情報を少しずつ読み込んで理解していくのに対し、『アナログ脳』と呼ばれる右脳は、情報を並列に並べて一度に大量の情報を処理することができるそうです。右脳の記憶力は左脳の100万倍という説があります」

私は職業柄、数学の概念を教えるために**図解**を用いる機会がとても多いです。

《分数の割り算を図解する》

例として「なぜ分数の割り算はひっくり返して掛ける（逆数を掛ける）のか？」を図解してみましょう。

ここでは「あきら君が乗っている自動車は、$\frac{2}{3}$分で$\frac{4}{5}$km進みます。この自動車が一定の速度で走っているとして、自動車の分速を求めなさい」という問題を考えます。

「距離÷時間＝速さ」に当てはめますと、答えを出す計算は、

$$\frac{4}{5} \div \frac{2}{3}$$

となります。ではなぜこの計算が、

$$\frac{4}{5} \div \frac{2}{3} = \frac{4}{5} \times \frac{3}{2}$$

と行えるのでしょうか?

目標は分速、すなわち1分で進む距離を出すことです。
そのためには、まず$\frac{2}{3}$分で進む距離を半分にして$\frac{1}{3}$分で進む距離を出し、次にそれを3倍すれば良いでしょう。
これを図解すると次のようになります。

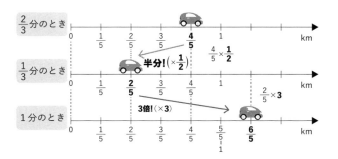

以上の計算をまとめると次の通り。

$$\frac{4}{5} \div \frac{2}{3} = \frac{4}{5} \times \frac{1}{2} \times 3 = \frac{4}{5} \times \frac{3}{2}$$

確かに「$\div \frac{2}{3}$」が「$\times \frac{3}{2}$」になっています。
文字を使って一般化しておきましょう。

もし $\frac{a}{b}$ 分で進む距離から、1分で進む距離を出したいのなら、

$$1分で進む距離 = \frac{a}{b} 分で進む距離 \div \frac{a}{b}$$

で求めることができます。

一方、上の図解でも確認したように、$\frac{a}{b}$ 分で進む距離を $\frac{1}{a}$ 倍にして、それを b 倍することでも、1分で進む距離は出せます。

$$1分で進む距離 = \frac{a}{b} 分で進む距離 \times \frac{1}{a} \times b$$

つまり、

$$\sim \div \frac{a}{b} = \sim \times \frac{1}{a} \times b = \sim \times \frac{b}{a}$$

です。

《図解のメリット》

情報を図解することのメリットをまとめておきましょう。

①情報を直観的に理解できる

なんと言っても、図解において示される図は、直観を司(つかさど)る右脳に働きかけるため、テキストだけの情報より、**直観的な理解を助けてくれます。**

先ほどの例でも、$\frac{2}{3}$ 分で進む距離を半分にしたり3

倍にしたりすることによって車の位置がどう変わるかが直観的につかめたのではないでしょうか。

②記憶の定着率が飛躍的にアップする

冒頭の【問題4】の文章中にもあるように、**右脳の記憶力は左脳の100万倍**とも言われています。図解によって映像化された情報は、文字だけの情報よりうんと頭に残りやすいというわけです。

73頁の「19×19までの掛け算を暗算する手順」も図をイメージした方がずっと再現しやすいでしょう。

③伝わりやすい

図解をすることによって、情報が理解しやすくなるのは自分だけではありません。

プレゼン資料や商品をPRするパンフレットに図やグラフが不可欠なのは、情報を図解することによって、**書き手の意図が劇的に伝わりやすくなる**からです。

《図解に適した情報とは》

ではどういう情報が図解に適しているのでしょうか？　次にまとめてみました。

- 比較：表や矢印などの記号を使うことで、複数の項目の相違点や類似点が一目（ひとめ）で理解しやすくなります。
- 変化：時系列グラフを使うことで、ある指標の変化の推移を視覚的に把握できます。また、手順や工程を図示すれば、プロセスが明確になり順序や因果関係が明

らかになるでしょう。
- **関係性（構造）：組織図、フローチャート、マインドマップ**などは、要素間の関連性や全体像を明らかにします。**ツリー図やベン図**で上下関係や包含関係を示すこともできます。
- **抽象的な概念の具体化：イラストやアイコン**を用いることで、難解な概念がわかりやすいビジュアルに置き換わることがあります。
- **要約：キーワード**を抜き出し、配置などを工夫すれば、長文の内容を簡潔にまとめることができます。

解答例

```
       左脳                      右脳
    （デジタル脳）            （アナログ脳）
      言語       ←――――→     空間把握
   論理的思考    ←――――→      直観
  直列で少しずつ処理 ←――――→  並列で大量に処理


                                100万倍！
     記憶力                      記憶力
```

解説

上の「解答例」はあくまで一例ですが、次のような工夫をしました。
- キーワードを抜き出す（要約）
- 対照的な特徴を「↔」で示す（比較）
- 右脳と左脳の記憶力の違いを円柱の大きさの違いを使って表現（抽象的な概念の具体化）

チェックリスト

【問題5】
　プレゼン資料作成のためのチェックリストを作ってください。

　突然ですが、中学生のときに学んだ「三角形の合同条件」を覚えていますか？

①3組の辺がそれぞれ等しい　　②2組の辺とその間の角がそれぞれ等しい

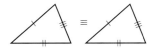

③1組の辺とその両端の角がそれぞれ等しい

　複数の図形が、形と大きさにおいてまったく同じで、重ね合わせられることを「**合同**」と言います。
　三角形は、3つの辺と3つの角をもちますから、合同な三角形どうしは、これらの計6つの値(あたい)がすべて等しいです。しかし上の「合同条件」はどれも、6つある値のうち3つの値にしか注目していません。残りの3つは調べなくても良いのでしょうか？
　実は、三角形の合同条件は、3つの値が等しいことを

確認するだけで、合同が確定するという「**効率の良いチェックリスト**」になっています。

ビジネスにおいても、資料作成や営業活動、プロジェクト管理のように**繰り返されるタスク**において、**チェックリスト**をもつことは重要です。以下に、その理由をあげます。

《チェックリストを利用するメリット》
①ミスの防止
チェックリストを使用することで、重要な手順や細部の見落としを防ぐことができます。結果として、**コストや時間のロスを最小限に抑えられる**でしょう。

②一貫性の維持
チェックリストは、**手順や作業内容を標準化**するのに役立ちます。タスクをチームで行う場合にも、個人で行う場合にも、**一貫した質の高い結果を得られる**はずです。

③効率性の向上
チェックリストを活用することで、タスクを**素早く効率的に完了**できます。

④ストレス軽減
チェックリストがあれば、重要な項目の確認が抜けてしまう心配がなくなります。これにより**ストレスが軽減**し、生産性が高まります。

⑤整理と構造化

チェックリストは、問題を整理し、解決策を構造化するのに役立ちます。これにより、解決プロセスが混乱することなく、スムーズに進めることができます。

⑥知的リソースの節約

日常的に繰り返されるタスクをチェックリストにしておけば「次に何をすべきか」を毎回考える必要がなくなります。これは、形式的な部分に頭を使わなくても済むことを意味します。言わば**知的リソースの節約**になり、本当に知恵を絞るべき内容に集中できます。

《チェックリスト作成のポイント》

チェックリストは、ビジネスのあらゆる側面で活用できる強力なツールですが、闇雲に作ってしまうと、かえって仕事の邪魔になることがあります。そうならないよう、次のポイントに気をつけましょう（これ自体もチェックリストですね）。

- **目的を明確にする**：チェックリストを作成する前に、その目的を明確にすることが重要です。何を達成したいのか、どのような問題を解決したいのかを明確にすることで、必要な項目をモレなく書き出すことができます。
- **簡潔でわかりやすい項目にする**：チェックリストの項目は簡潔でわかりやすくしましょう。専門用語や略語は避け、誰でも理解できる言葉で記述してください。

- **適切な順序にする**：チェックリストの項目は、論理的な順序で並べることが大切です。作業の流れに沿って項目を並べることで、スムーズに作業を進められます。
- **定期的に見直す**：チェックリストは、業務内容や環境の変化に合わせて定期的に見直しましょう。不要な項目を削除したり、新しい項目を追加したりすることで、常に最新のチェックリストを維持することができます。

解答例

✓伝えたいメッセージの決定
✓聴衆の興味関心や知識レベルの確認
✓構成の決定
✓資料（情報）の収集と選別
✓スライド作成（視覚効果・フォント・画像などの決定）
✓リハーサルの実施（時間配分の確認）
✓質疑応答の準備
✓資料のバックアップ
✓機器トラブルへの備え

解説

　解答例のチェックリストは、叩き台的なものです。実際は、もっと多くの項目が必要かもしれません。ただし、**チェックリストは、項目の数が多くなりすぎないように気をつけましょう**。不必要な項目が多すぎたり、具体的すぎたりすると、実用的ではなくなってしまう恐れがあるからです。

「三角形の合同条件」のように、できるだけ「効率の良

いチェックリスト」を目指してください。そのためにも、チェックリストは常に見直し、ブラッシュアップしていくようにしましょう。そうすれば、汎用性の高い、非常に有用なチェックリストができあがるはずです。

第 2 章

今度こそ、割り算を理解する

ねらい

　数学が苦手な社会人の方のボトルネックである「割り算」を、改めて解説します。特に**割り算には2つの意味がある**という理解はとても重要です。

　その上で、ビジネスで最も使うと言っても過言ではない「**割合**」と「**単位量あたりの大きさ**」を、確実に使いこなせるようにトレーニングしていきます。

等分除と包含除

【問題6】
　次の割り算を等分除と包含除に分けてください。
（ア）代金÷個数＝単価
（イ）代金÷単価＝個数
（ウ）距離÷時間＝速さ
（エ）距離÷速さ＝時間

　私は職業柄、数学にコンプレックスをもつ社会人の方と多く接する機会があります。その方々にお話を伺うと、**ほぼ全員、割り算の理解が不十分**です。

　四則演算のうち、足し算、引き算、掛け算の意味がわからないという人はほとんどいません。

　しかし、割り算になると途端に視界が悪くなったように感じる人は多いようです。きっとそれは、小学校で登場する割り算を含む公式

$$距離 \div 時間 = 速さ$$

や

$$比べる量 \div もとにする量 = 割合$$

などが成り立つ理由を説明できないままに暗記で乗り切ってしまったからでしょう（前者は32頁で、後者は

50頁で解説しています)。

数学的に意思決定を行っていく上での基礎は、**割合**や**単位量あたりの大きさ**です。これらを使いこなすために、割り算の本質理解は避けて通れません。

そこで、ここでは改めて割り算とは何なのかを、一から説明していきたいと思います。

《割り算は掛け算の逆算》

AにBを足してCになるのなら、CからBを引けばAが求まります。

このように、ある演算の結果からもとの数を求める計算のことをその演算の「逆算」と言います。引き算は足し算の逆算であり、**割り算は掛け算の逆算です**。

割り算を理解するために、まず掛け算の構造を明確にしておきましょう。

たとえば「アメを1人につき3個ずつ配ると2人分ではいくつ?」という問題は次の掛け算で計算します。

ここで、単位量、単位数、総量という用語を改めて定義させてください。

　単位量…1つ分（1人分）の数、1つあたりの量
　単位数…いくつ分、個数（人数）
　総量…ぜんぶの数、合計

実は、「単位量×単位数＝総量」から「単位量」を求める計算も、「単位数」を求める計算も、どちらも「割り算」と言います。
つまり、**割り算には2つの意味があるのです。**

《等分除とは》

「単位量」を求める割り算を等分除と言います。
たとえば「ぜんぶで6個のアメを2人に配ると1人何個？」という問題の答えを求める計算が等分除です。

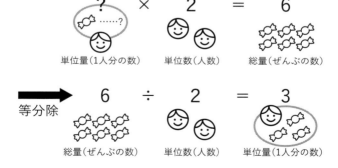

単位量（1人分の数）を求める「総量÷単位数」という計算は、総量を単位数（人数）分に**等しく分割している**と考えられることから、この意味の割り算を「等分除」と呼びます。

《包含除とは》

　一方、「単位数」を求める割り算の方は**包含除**と言います。

　たとえば「ぜんぶで6個のアメを1人につき3個ずつ配ると何人分になる？」という問題の答えを求める計算が包含除です。

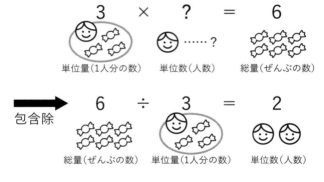

　単位数（人数）を求める「総量÷単位量」という計算では、総量の中に、単位量（1人分の数）が**いくつ含まれるか**を考えています。そのため、こちらの意味の割り算を「包含除」と呼びます。

解答　　等分除…（ア）、（ウ）　　　包含除…（イ）、（エ）

解 説

（ア）…たとえば「ある商品を3個買って1,200円だったときの商品1個分の値段」は、

$$1,200 \div 3 = 400$$

から400円と求めます。代金の1,200円を3等分して、1個の値段を出すわけですね。
「代金÷個数＝単価」は単位量（1つあたりの量）を求める計算なので等分除です。
（イ）…たとえば「1個200円の商品をいくつか買って代金が600円だったときの買った商品の個数」は、

$$600 \div 200 = 3$$

から3個と求めます。代金の600円には単価の200円がいくつ含まれるかを計算して、買った個数を求めるわけです。
「代金÷単価＝個数」は単位数（個数）を求める計算なので包含除です。
（ウ）…「速度」とは**単位時間（1時間や1分や1秒）あたりに進む距離**であることに注意してください。

たとえば「2時間で8km進んだときの時速」は、

$$8 \div 2 = 4$$

から時速4kmと求めます。8kmを2等分して1時間

あたりに進む距離を出しているわけです。

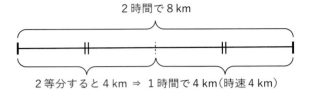

「**距離÷時間＝速さ**」は単位量（単位時間あたりに進む距離）を求める計算なので**等分除**と言えます。
（エ）…たとえば「90kmの距離を時速30kmで進んだときにかかる時間」は、

$$90 \div 30 = 3$$

から3時間と求めます。距離の90kmは、1時間で進める距離（時速）の30kmのいくつ分かを計算して何時間かかるかを計算しているわけです。

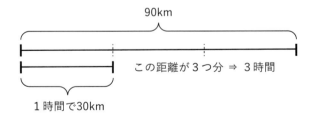

つまり「**距離÷速さ＝時間**」は単位数（時間）を求める計算なので**包含除**と言えます。

第１部　第２章　今度こそ、割り算を理解する

割合

【問題7】

　Ａ社とＢ社の当期純利益と自己資本が以下のようにわかっています。投資先としてはどちらがふさわしいでしょうか。

	当期純利益	自己資本
Ａ社	700	10,000
Ｂ社	500	5,000

（単位：万円）

　かつて**アルベルト・アインシュタイン（1879-1955）**は「**すべては相対的である**」と語りました。

　相対性理論によって、時間の進み方や長さですら状況によって変わることを示したアインシュタインだからこそ、物事の価値や意味は、それを取り巻く状況や他との関係によって変化すると言いたかったのでしょう。

　たとえば１億円は、個人の収入としてはふつう大金ですが、企業の利益としては並程度かもしれません。

　上の問題でも「当期純利益」だけを見て、どちらの会社の方が業績優秀かを判断するのは早計です。

　なお、当期純利益とは売上高から売上原価や販管費（販売費及び一般管理費）、営業外損益、法人税などを差し引いた金額を言います。

　もちろん、投資先の企業を決めるには他にもいろいろな数字を比較検討する必要がありますが、特に海外の投資家は以下で計算される自己資本利益率（ROE：Return

On Equity）を重視します。

$$ROE = \frac{当期純利益}{自己資本}$$

　海外の投資家は、ROEが高くかつROEの向上が続く銘柄(めいがら)を投資先に選定することが多いと言われています。自己資本に対する当期純利益の**割合**を重視するわけです。

《大人でも割合が苦手な人は多い》

　小学館が運営する育児情報メディア「HugKum」が2023年に行ったアンケートによると「小学生が苦手だと感じた単元(たんげん)」のランキングで「割合」は「速さ」「分数の計算」「小数の計算」に続き第4位にランクインしています。
「速さ」は、旅人算や流水算などの中学受験の頻出(ひんしゅつ)問題に出てくるので特に難しく感じる子が多いのでしょう。また小学校4年生で登場する分数や小数の計算は、算数で初めてつまずきを感じる単元であることが多く、悪い印象が強いのかもしれません。
　ただ、大人になるとそもそも「速さ」の問題を解くシーンは滅多(めった)にありませんし、分数や小数の計算は後に克服する人が多いです。しかし、「割合」は大人になっても苦手なままの人が多くいます。

《割合を読み替える》

　割合の教科書的な定義は次の通りです。

比べる量÷もとにする量＝割合

　割合を苦手にしている人が多いのは、この定義がわかりづらいからでしょう。「比べる量」とか「もとにする量」という日本語は今ひとつこなれていない感じがします。

　そこで本書では大胆に「比べる量」は「～は（主語）」、「もとにする量」は「～の（修飾語）」、「割合」は「どれくらい（述語）」とそれぞれ読み替えてしまいます。そうすると割合の定義式は次のようになります。

「割合」というのは「どれくらい」のことだという理解は特に重要です。

《基準が異なる数値どうしを比べる》

　そもそも、割合は何のためにあるのでしょうか？

　割合というのは、**基準とする数（もとにする量）を「1」にそろえて、注目する数（比べる量）を正しく比較する**ために生まれました。つまり、**基準に対する相対的な価値を数値化したもの**だと言えます。

　割合は**基準が異なる数値どうしを比べるための最強のツール**だと言っても過言ではありません。

《割合を図解する》

例として次の2つのグループにおける女性の人数の割合を計算してみましょう。

	女性の人数	グループの人数
グループA	1,200	3,000
グループB	36	80

(単位：人)

「女性の人数」は、「グループの人数」の「どれくらい」かを計算するわけです。

基準とする数…グループの人数
注目する数…女性の人数

であることに注意してください。

$$グループA：\frac{1,200}{3,000} = 0.4 = 40\%$$

$$グループB：\frac{36}{80} = 0.45 = 45\%$$

女性の人数はグループAの方がはるかに多いですが、女性の割合が高いのはグループBの方です。

それぞれの割合を図解してみましょう。

第 1 部　第 2 章　今度こそ、割り算を理解する

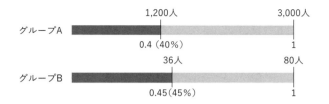

こうすると、基準を「1」にそろえることの意義がわかると思います。

《割合は包含除》

ところで、割合を求める割り算は等分除でしょうか？ それとも包含除でしょうか？

上のグループAの女性の割合は「1,200÷3,000」と計算しましたが、これは 1,200 人を 3,000 等分しているわけではありません。

1,200 人は 3,000 人のいくつ分なのかを計算しています。

したがって、割合を求める割り算は「注目する数（比べる量）」を総量、「基準とする数（もとにする量）」を単位量、「割合」を単位数とする**包含除**です。

単位数とは「いくつ分」のことだと言いながら、割合は 1 より小さくなるケースが多いところも、割合の計算が理解しづらい一因でしょう。

「400÷100＝4」だから、400 は 100 の「4 個分」というのはわかりやすいですが、1,200 は 3,000 の「0.4 個分」だと言ってしまうのは釈然としない（直観的ではない）という気持ちはよくわかります。

しかし、こうした**小数個分への理解と受容**が割合の理

解を下支えする礎になります。

解答　B社

解説

A社とB社のROEを計算してみましょう。

$$A社：\frac{700}{10,000} = 0.07 = 7\%$$

$$B社：\frac{500}{5,000} = 0.1 = 10\%$$

A社の方が当期純利益そのものは多いですが、自己資本に対する当期純利益の割合であるROEはB社の方が高いので、ROEをもとに考えるなら投資先には**B社**を選ぶべきですね。

第 1 部　第 2 章　今度こそ、割り算を理解する

単位量あたりの大きさ

【問題 8】
　東京 23 区の中で最も人口密度が高いのは、池袋などがある豊島区（としまく）です。その人口密度 22,396 人 / km^2（令和 6〈2024〉年 3 月 1 日現在。豊島区の区政情報より）から豊島区民の「1 人あたりの面積」を計算しなさい。

　A 社の牛乳は 240 円で、B 社の牛乳は 220 円だとしましょう。ここで安いからと言って闇雲に B 社を選んでしまうと損をするかもしれません。なぜでしょうか？
　牛乳には普通、容量が 900mL のものと 1,000mL（1L）のものがあるからです。
　もし 240 円の A 社のものが 1,000mL で、B 社のものが 900mL だとしたら、単純に値段だけを比較しても意味がありません。
　そこで登場するのが「単位量あたりの大きさ」です。ここではそれぞれの 1mL あたりの価格を出してみましょう。

　A 社（1,000mL で 240 円）

$$240(円) \div 1{,}000(mL) = 0.24(円/mL)$$

　B 社（900mL で 220 円）

$$220(円) \div 900(mL) = 0.244\cdots(円/mL)$$

1mLあたりの値段に換算してみると、A社の牛乳の方が値段的にはお得なことがわかります。

このように、**単位量あたりの大きさを求めれば、異なる大きさや量をもつものを正しく比較することができます。**

《単位量あたりの大きさは等分除》

前節の割合は包含除でしたが、単位量あたりの大きさを求める割り算は等分除です。

前頁の1,000mLで240円の牛乳の場合、1mLあたりの値段を出す計算（240÷1,000）は、240円を1,000等分して、1mLあたりの値段を出しているわけですね。

《単位量あたりの大きさの求め方》

単位量というのは、1日や1mLや1km^{2}のように、個数や体積や面積などを測定するために使われる基準のことです。単位の数だけ、いろいろな単位量があると思ってください。

「1日あたりの売れた台数」や「1mLあたりの価格」「1km^{2}あたりの人数（人口）」など、「1単位あたりの○○」で表されるものが「**単位量あたりの大きさ**」です。

一般に「単位量あたりの大きさ」は次の計算式で求めます。

比べる量÷単位にしたい量＝単位量あたりの大きさ

例) 距離÷時間＝速さ（1時間あたりの進む距離）
　　年間の支出÷稼働日数＝1日あたりの支出
　　走行距離÷ガソリン量＝燃費（1Lあたりの走行距離）

　大雑把に言ってしまうと、割合を求める計算は同じ単位をもつものどうしで行います。これに対して、**単位量あたりの大きさを求める割り算は、違う単位をもつものどうしで行います。**

　今、単位の話が出ましたが、「単位量あたりの大きさ」を計算する順番（割り算の順番）がわからなくなったら**単位に注目してください。**

「○○あたりの大きさ」の単位は「〜／○○の単位」という形で「／」を使って表されます。

$$\left(\sim\Big/\text{○○の単位}\right) = \frac{\sim}{\text{○○の単位}}$$

「／」は分数の簡易表現ですから「○○あたりの大きさ」を知りたい場合は、○○の単位が分数の分母に来るような計算式を立てれば良いのです。

例)　人数（人）÷面積（km²）

$$= \frac{\text{人数(人)}}{\text{面積(km}^2\text{)}}$$

$$= 1\text{km}^2\text{あたりの人数}\left(\text{人}\Big/\text{km}^2\right)$$

$$走行距離(km) \div ガソリン量(L)$$

$$= \frac{走行距離(km)}{ガソリン量(L)}$$

$$= 1Lあたりの走行距離 \left(km \big/ L \right)$$

《数字の意味を伝わりやすくする》

　本来「単位量あたりの大きさ」は、正しい比較を行うためのものですが、相手に数字の意味をわかりやすく伝えたい場面でも力を発揮します。

　かつて Apple の創業者**スティーブ・ジョブズ（1955-2011）**は、初代 iPhone が 200 日間で 400 万台売れた事実を「毎日 2 万台の iPhone が売れた」と言い換えました。これは次の簡単な計算の結果です。

$$400万(台) \div 200(日) = 2万 \left(台 \big/ 日 \right)$$

　これにより、400 万台という大きな数字の意味が、うんと伝わりやすくなり、「そんなに売れたのか」という印象を与えることに成功しました。

　このように、**わかりやすい単位量あたりの大きさを使えば、プレゼンなどにおいて数字の意味を伝えやすくなります。**

| 解 答 | 約 45m² / 人（約 28 畳 / 人）

第 I 部　第 2 章　今度こそ、割り算を理解する

> 解説

　通常、人口密度は $1\,\text{km}^2$ あたりの人数で表します。もちろんこれも立派な「単位量あたりの大きさ」ではありますが、東京 23 区で最も人口密度が高いのは豊島区で、22,396 人 $/\text{km}^2$ であると言われても、$1\,\text{km}^2$ が広すぎるせいでピンと来ない人が多いのではないでしょうか？

　そこで、設問にあるように、もう少しわかりやすい単位量あたりの大きさ「1 人あたりの面積」に換算してみたいと思います。

　人口密度が 22,396 人 $/\text{km}^2$ であるということは、$1\,\text{km}^2$ あたり 22,396 人ということです。

　今は「1 人あたりの面積」を出したいので、「人」が分母に来るような計算、すなわち次のような割り算をします($1\text{km}^2 = 1\text{km} \times 1\text{km} = 1{,}000\text{m} \times 1{,}000\text{m} = 1{,}000{,}000\text{m}^2$ であることに注意してください)。

$$1\ (\text{km}^2)\ \div\ 22{,}396\ (人)$$
$$=\ 1{,}000{,}000\ (\text{m}^2)\ \div\ 22{,}396\ (人)$$
$$=\ 44.650\cdots\ (\text{m}^2/人)$$
$$\fallingdotseq\ 45\ (\text{m}^2/人)$$

1 人あたり約 45m^2 であることがわかります。さらに 1 畳 $= 1.62\text{m}^2$ を使って畳数で表してみましょう。

$$44.650\cdots\ (\text{m}^2/人)\ \div\ 1.62\ (\text{m}^2/畳)$$
$$=\ 27.562\cdots\ (畳/人)$$
$$\fallingdotseq\ 28\ (畳/人)$$

1人あたり約 **28 畳**ですね。

ちなみに上の計算では単位が次のようになっていることにも注目してください。

$$\frac{m^2}{人} \div \frac{m^2}{畳} = \frac{m^2}{人} \times \frac{畳}{m^2} = \frac{畳}{人}$$

単位どうしの計算に慣れてくると、たとえば野球の**防御率（投手が 1 試合あたりにとられる点数）**の出し方が次のようになることも理解できるでしょう。

例）年間 180 回（イニング）を投げて 1 年間の総失点が 45 点だった場合。

　45（点 / 年）÷ 180（回 / 年）× 9（回 / 試合）
= 2.25（点 / 試合）

単位だけに注目すると以下のようになっています。

$$\frac{点}{年} \div \frac{回}{年} \times \frac{回}{試合} = \frac{点}{年} \times \frac{年}{回} \times \frac{回}{試合} = \frac{点}{試合}$$

第 3 章

計算（暗算）のテクニックを身につける

ねらい

暗算ができない人からすると、できる人は特殊な能力をもっているように見えるかもしれません。実際、幼少の頃からソロバンなどで訓練し、3桁×3桁の掛け算などを電卓より速く暗算できる人もいますが、そういう人はかなり少数派でしょう。

暗算が得意な人の多くは**知っていれば誰でも使えるテクニック**を使っています。この章ではそういうテクニックを厳選してお伝えします。

これらのテクニックが使える数字に出会ったときは、絶大な効果がありますし、テクニックが通用する数字には**親近感**を覚えるようになり、数字と仲良くなるきっかけにもなります。

小数と分数の関係

【問題9】
次の計算を暗算で行いなさい。
(1) 72×125
(2) 13÷25

計算が得意な人は、数字に個性を感じています。「計算しやすい」というのもその1つです。ではどういう数字が「計算しやすい」のでしょうか？ いろいろな観点がありますが、まずは次の図に登場する「特別な小数」と分数の関係を押さえましょう。

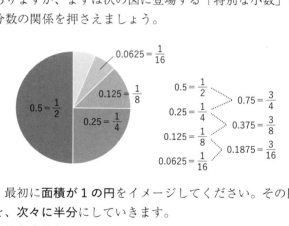

最初に**面積が1の円**をイメージしてください。その円を、**次々に半分にしていきます**。

そうすると、

$$1 \to \frac{1}{2} \to \frac{1}{4} \to \frac{1}{8} \to \frac{1}{16} \to \cdots$$

に応じて、

$$1 \to 0.5 \to 0.25 \to 0.125 \to 0.0625 \to \cdots$$

となることがわかるでしょう。このことから、

$$0.5 = \frac{1}{2}、0.25 = \frac{1}{4}、0.125 = \frac{1}{8}、0.0625 = \frac{1}{16}$$

の対応を覚えてください。
あとはこれらを組み合わせて（図にあるように）、

$$0.75 = \frac{3}{4}、0.375 = \frac{3}{8}、0.1875 = \frac{3}{16}$$

なども使えるようになれば、さらに便利になります。
ここに登場する小数が「**特別な小数**」です。

《特別な小数が登場する掛け算》

では早速「特別な小数」と分数の関係を使って、暗算をしてみましょう。
まずは「**特別な小数が登場する掛け算**」を行う方法を紹介します。手順は次の通りです。

【手順】
　手順1：特別な小数をあぶり出す
　手順2：分数に直して計算

例）36 × 25

$$36 \times \underline{25} = 36 \times \underline{0.25 \times 100} = 36 \times \frac{1}{4} \times 100 = 9 \times 100 = \mathbf{900}$$

例）48 × 375

$$48 \times \underline{375} = 48 \times \underline{0.375 \times 1000} = 48 \times \frac{3}{8} \times 1000 = 18 \times 1000 = \mathbf{18000}$$

　上の例のように、約分ができる場合は特に簡単になりますし、もし約分ができない場合でも、「×25」を行う代わりに、「÷4」をしてから「×100」をしたり、「×375」を行う代わりに「÷8」をしてから「×3000」をする方が楽です。

《特別な小数が登場する割り算》

　今度は「特別な小数が登場する割り算」です。手順は次の通りですが、ポイントは「逆約分」を行うところです。

【手順】
手順1：割り算を分数に直す
手順2：特別な小数を意識して「逆約分」

例）9 ÷ 125

$$9 \div 125 = \frac{9}{125} = \frac{9 \times 8}{125 \times 8} = \frac{72}{1000} = 0.072$$

割り算を分数に直した後、分母と分子に「×8」をするのを私は**逆約分**と呼んでいます。なぜ「×8」をするかと言いますと、特別な小数と分数の次の関係を意識しているからです。

$$0.125 = \frac{1}{8} \Rightarrow 125 = \frac{1000}{8} \Rightarrow 125 \times 8 = 1000$$

例）21 ÷ 75

$$21 \div 75 = \frac{21}{75} = \frac{21 \times 4}{75 \times 4} = \frac{84}{300} = 0.28$$

こちらは以下の関係を意識して、分母と分子に「×4」をしています。

$$0.75 = \frac{3}{4} \Rightarrow 75 = \frac{300}{4} \Rightarrow 75 \times 4 = 300$$

解答　（1）9000　（2）0.52

解説

(1) 72 × 125

これは「×125」なので「特別な小数が登場する掛け算」と考えられます。次のように（頭の中で）計算しましょう。

$$72 \times 125 = 72 \times 0.125 \times 1000 = 72 \times \frac{1}{8} \times 1000 = 9 \times 1000 = \mathbf{9000}$$

(2) **13 ÷ 25**

こちらは「÷25」ですから「特別な小数が登場する割り算」です。

$$13 \div 25 = \frac{13}{25} = \frac{13 \times 4}{25 \times 4} = \frac{52}{100} = \mathbf{0.52}$$

分母と分子に「×4」をする「逆約分」は以下の関係を意識しています。

$$0.25 = \frac{1}{4} \Rightarrow 25 = \frac{100}{4} \Rightarrow 25 \times 4 = 100$$

平方数

【問題10】
次の計算を暗算で行いなさい。
(1) 26×24
(2) 33×29

数字に強い人は「**平方数**」に敏感です。平方数とは、16（=4^2=4×4）や 25（=5^2=5×5）のように、ある整数の2乗（同じ数を2度掛け合わせたもの）になっている数のことです。面積の単位「cm^2」を「平方センチメートル」と読むことからもわかるように「平方」は2乗を意味します。

九九の中に登場する次の平方数は、すぐにわかるでしょう。

$$1^2=\mathbf{1}、2^2=\mathbf{4}、3^2=\mathbf{9}、4^2=\mathbf{16}、5^2=\mathbf{25}、$$
$$6^2=\mathbf{36}、7^2=\mathbf{49}、8^2=\mathbf{64}、9^2=\mathbf{81}$$

もちろん 10^2=**100** もわざわざ覚えようとする必要はありませんね。

これらに加えて 11^2〜32^2 までの平方数も頭に入っていると大変便利です。様々なシーンで暗算や概算を助けてくれます。

ただし、丸暗記をするのは大変なので、語呂合わせを考えてみました(次頁参照)。よろしければ参考にしてく

ださい。

《平方数の語呂合わせ》

11から32までの平方数

平方数	暗記法	
$11 \times 11 = 121$	いい？ いい？ いついい？	しつこい感じ
$12 \times 12 = 144$	「ヒーフー、ヒーフー」一緒よ	ラマーズ法
$13 \times 13 = 169$	いざ！ イチロー君	
$14 \times 14 = 196$	「いいよいいよ」で一苦労	安請け合いはいけません
$15 \times 15 = 225$	行こう行こう。夫婦でGo!	
$16 \times 16 = 256$	いろいろ煮込む	
$17 \times 17 = 289$	いいないいな、2泊	2泊も泊まれて羨ましい
$18 \times 18 = 324$	いやいや、3人よ	2人だと思ったのかな？
$19 \times 19 = 361$	行くのは寒い	
$20 \times 20 = 400$		
$21 \times 21 = 441$	ついついヨーヨーで1位	まさかヨーヨーで優勝するとは！
$22 \times 22 = 484$	夫婦がシワシワ	
$23 \times 23 = 529$	兄さん5人で苦労した	男ばっかり6人兄弟
$24 \times 24 = 576$	節々（ふしぶし）、コナン	名探偵コナンが好きなんですね
$25 \times 25 = 625$	ニコニコ六つ子	
$26 \times 26 = 676$	通路じゃロクなムードにならない	ちゃんとした場所でやりましょう
$27 \times 27 = 729$	船乗りは何食う？	
$28 \times 28 = 784$	庭には菜っ葉よ	
$29 \times 29 = 841$	肉×肉＝弥生ちゃん	弥生ちゃんはお肉が大好き
$30 \times 30 = 900$		
$31 \times 31 = 961$	サイは黒い	
$32 \times 32 = 1024$	3人じゃなくて10人よ	

なぜ、$32^2 = 1024$ までを暗記しておくかというと、3桁までのすべての平方数と $32^2 = (2^5)^2 = 2^{10}$ を頭に入れておくためです（$2^{10} = 1024$ を2で割っていけば $2^9 = 512$

や $2^8 = 256$ などがすぐわかります)。

《平方数の暗記が役立つとき》

では平方数を暗記(あるいは意識)しておくと、どのような良いことがあるのでしょうか?

もちろん、一辺の長さから正方形の面積を求めたいときや、縦と横に同じ数ずつ並べたものの数を計算したいときにはたちどころに答えがわかります。

また、平方数の暗記(意識)は、ホテルの部屋を予約するときにも役立つかもしれません。ホテルの予約サイトでは大抵部屋の面積が表示されますが、そんなとき、たとえば35m^{2}ならば、これに近い平方数の$36 = 6^2$を連想して、「仮に正方形の部屋だとしたら一辺の長さが6mくらいか」とだいたいの広さの見当がつけられるでしょう。

ただし、こうした生活における「実利」よりもうんと大事なことがあると私は思います。

それは、「平方数」というキャラクターによって、特定の数が際立つようになることです。

平方数が意識できていないとき、たとえば次の数字の列は無味乾燥な並びに見えるでしょう。

…, 141, 142, 143, 144, 145, 146, 147, 148, 149, …

でも、平方数を意識できていれば、

…, 141, 142, 143, **144**, 145, 146, 147, 148, 149, …

と「144」だけが目立って見えるようになります。そうなれば「あ、平方数だ！」と、まるで街中で旧友に出会ったかのような懐かしささえ覚えるかもしれません。

こういう経験を通して**数に親しみを感じること**が「数に強くなる」ためにはとても大切なのです。

《差が偶数の掛け算》

平方数の暗記は「ある数の2乗」を暗算したいとき以外にも活かせます。ここではその中の1つとして、差が偶数の掛け算を暗算するテクニックを紹介しましょう。

【手順】
 手順1：2つの数の和の半分（平均）を出す
 手順2：2つの数の差の半分を出す
 手順3：（手順1の数）^{2} －（手順2の数）^{2}

このテクニックで使っているのは、「**和と差の積は平方の差**」と呼ばれる次の展開公式です。

$$(a+b)(a-b) = a^2 - b^2$$

手順1では a にあたる数を、手順2では b にあたる数を計算しています。

例）18 × 16
  手順1：(18 + 16) ÷ 2 = 17
  手順2：(18 − 16) ÷ 2 = 1

手順3：$18×16=(17+1)×(17-1)=17^2-1^2=289-1=\mathbf{288}$

[$17^2=289$ の語呂合わせ：いいないいな、2泊]

解答　(1) 624　(2) 957

解説

(1) $26 × 24$

　　$(26 + 24) ÷ 2 = 25$

　　$(26 - 24) ÷ 2 = 1$

$\Rightarrow 26 × 24 = (25+1) × (25-1) = 25^2 - 1^2 = 625 - 1 = \mathbf{624}$

　[$25^2 = 625$ の語呂合わせ：ニコニコ六つ子]

(2) $33 × 29$

　　$(33 + 29) ÷ 2 = 31$

　　$(33 - 29) ÷ 2 = 2$

$\Rightarrow 33 × 29 = (31+2) × (31-2) = 31^2 - 2^2 = 961 - 4 = \mathbf{957}$

　[$31^2 = 961$ の語呂合わせ：サイは黒い]

19 × 19 までの掛け算

【問題 11】
次の計算を暗算で行いなさい。
(1) 14 × 13
(2) 19 × 16

　世界的な企業の CEO（最高経営責任者）や取締役にインド出身者が増え、その活躍が目覚ましい昨今。彼らの強みとして必ずと言って良いほどあげられるのが、数学力です。
「インド人は 19 × 19 までの掛け算を暗記している」という話も、彼らの数学力の高さを象徴するかのようによく語られます（実際には 19 × 19 までの 361 通りの結果を丸暗記している人は、インド人でも少数派のようです）。
　また、日本では 19 × 19 までの掛け算を暗算する方法を書いた本が最近ベストセラーになりました。
　それだけ 19 × 19 までの掛け算が暗算できることは、数字に強い、計算に強いというイメージと直結するのかもしれません。
　そこで本書でも 19 × 19 までの掛け算を暗算する方法を紹介したいと思います。
　この方法は数学好き（計算好き）の間では昔からよく知られている方法で、少し練習すれば誰でもできるようになります。

《19 × 19 までの掛け算を暗算する手順》

【手順】
手順1:一方の一の位を他方に足す
手順2:手順1の数を10倍
手順3:手順2の数に一の位どうしの積を足す

例)16 × 13
<u>手順1</u>:16 + 3 = 19
<u>手順2</u>:19 × 10 = 190
<u>手順3</u>:190 + 6 × 3 = 190 + 18 = **208**

以上の手順をまとめて1行で書くとこうです。

16×13 = (16 + 3) ×10 + 6×3 = 190 + 18 = **208**

《この方法で計算できる理由》

このテクニックは、以下のように図解できる展開公式を利用しています。

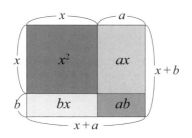

$$(x+a)(x+b) = x^2 + ax + bx + ab$$
$$\Rightarrow (x+a)(x+b) = x^2 + (a+b)x + ab$$

この公式で、$x=10$、$a=6$、$b=3$ とすると（以下、「・」は「×」の省略記号です）、

$$(10+6)(10+3) = \underline{10^2 + (6+3)\cdot 10} + 6\cdot 3$$

と計算できます。ここで $10^2 + (6+3)\cdot 10$ を 10 で括って、

$$\underline{10^2 + (6+3)\cdot 10} + 6\cdot 3$$
$$= \underline{(10 + 6 + 3)\cdot 10} + 6\cdot 3$$
$$= (16 + 3)\cdot 10 + 6\cdot 3$$

と考えてください。

すると 16×13 は結局以下の計算になります。

$$16 \times 13 = (16+3)\cdot 10 + 6\cdot 3 = 190 + 18 = \mathbf{208}$$

《図解すると……》

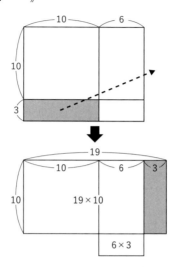

念のため、図解もしておきましょう。

16×13 は横が 16、縦が 13 の長方形の面積であると考えてください。

まず、上の図のように、この長方形を 10×10 の正方形とそれ以外の長方形に分けます。次にグレーの色をつけた長方形を移動させると、横が 19（= 16 + 3）、縦が 10 の大きい長方形と横が 6、縦が 3 の小さい長方形ができますね。

この 2 つの長方形の面積を足したものは、最初の長方形の面積と等しいので、

$$16 \times 13 = (16+3) \cdot 10 + 6 \cdot 3$$

と考えられるわけです。

解答　(1)182　(2)304

解説

それぞれ手順通りに考えてください。

(1) 14 × 13

$$14 \times 13 = (14+3) \times 10 + 4 \times 3 = 170 + 12 = \mathbf{182}$$

(2) 19 × 16

$$19 \times 16 = (19+6) \times 10 + 9 \times 6 = 250 + 54 = \mathbf{304}$$

近似値の出し方

【問題 12】
次の値を暗算で概算しなさい。
(1) 69×64
(2) 2880×1.1

今回は少し趣向を変えて、だいたいの値を**概算**するテクニックを紹介します。

日常生活では、正確な値は必要なく、だいたいの値がわかれば十分というシーンは少なくありません。

たとえば、以下のようなケースでしょうか。

・旅行のだいたいの費用を見積もりたい
・Excel で計算した「合計」が正しそうかどうか(途中に抜けている行がないか)確認したい
・新商品の定価を決める際、消費税込みの価格ではいくらくらいになるのかを知りたい
・アンケートの結果から、特定の選択肢を選んだ人が全体の何割くらいかを知りたい

今日では誰もがスマートフォンをもっていて、電卓アプリが使えますから、たとえ正確に暗算できるとしても、時間がかかるのなら役に立ちません。人からも「スマホを使った方が早い」と言われてしまうでしょう。

大事なのはスピードです。特に上に書いたような、必

ずしも正確な値が必要ないシーンでは、スマートフォンをもちだすよりもスピーディーに「だいたいの値」を出せる力が求められます。

もちろん、適当に四捨五入して有効数字(91頁)1桁どうしの計算にしてしまう方法もありますが、それよりはもう少し精度の良い概算をする方法をお伝えします。

《近い数どうしの掛け算》

近い数どうしの掛け算は、**同じ数を足したり引いたりして片方を切りの良い数字にした掛け算で近似できます。**

例) 48×47

$48 \times 47 \rightarrow (48\ +2) \times (47\ -2) = 50 \times 45 = 2250$

2を足したので
2を引く

誤差は0.3%以下
$48 \times 47 = 2256$

この例では、48に「2」を足して50にしたので、47から同じ「2」を引いています。

ちなみに 48×47 を正しく計算した結果は2256なので、この概算による誤差は0.3%以下です。近似の精度はかなり良いと言えるでしょう。

ただし、98×23 のように2数の値の差が大きいときにこの方法を使うと、

$$98 \times 23 \rightarrow (98+2) \times (23-2) = 100 \times 21 = 2100$$

となりますが、これは本来の値「98×23＝2254」に比べると、誤差が7％程度になってしまうので要注意です。

《「ほぼ逆数」の利用》

数学では、A×B＝1のときBはAの**逆数**であると言います（AはBの逆数でもあります）。

たとえば、

$$2 \times \frac{1}{2} = 1$$

なので、$\frac{1}{2}$は2の逆数です。$\frac{1}{2}$＝0.5ですから、0.5は2の逆数であるとも言えます。

一般に、AとBが逆数の関係にあるとき、Aで割ることはBを掛けることと同じです。

例）18 ÷ 2 ＝ 18 × 0.5 ＝ 9

0.5は2の逆数なので、2で割る代わりに0.5を掛けても答えは同じです。もちろん反対に、0.5を掛ける代わりに2で割っても結果は変わりません。

ここで強調したいのは、**逆数を使えば、掛け算↔割り算の変換が自由にできる**ということです。逆数を利用することで、**面倒な掛け算が簡単な割り算になったり、面倒な割り算が簡単な掛け算になったりします。**

$$0.5 = \frac{1}{2} \Rightarrow 2 \times 0.5 = 1、0.25 = \frac{1}{4} \Rightarrow 4 \times 0.25 = 1、$$

$$0.125 = \frac{1}{8} \Rightarrow 8 \times 0.125 = 1、0.0625 = \frac{1}{16} \Rightarrow 16 \times 0.0625 = 1$$

62頁で紹介した「特別な小数」と分数の関係を使えば、2、4、8、16の逆数はそれぞれ0.5、0.25、0.125、0.0625であることがわかります(上記参照)。ただし、これらの数値が登場する掛け算や割り算は、「小数と分数の関係」の節で紹介した方法の方がやりやすいと思いますので、そちらを参照してください。

ここでは、厳密には逆数ではないけれど「**ほぼ逆数**」になっている関係を使って、近似値を暗算する方法をお伝えしたいと思います。

特に、計算によく登場する11〜19の「ほぼ逆数」になる小数を覚えておくと便利です。

ほぼ逆数の表

		誤差		掛け合わせた結果
		2%以内	3〜8%	
11	⇌	0.09		11 × 0.09 = 0.99(誤差1%)
12	⇌		0.08	12 × 0.08 = 0.96(誤差4%)
13	⇌		0.08	13 × 0.08 = 1.04(誤差4%)
14	⇌	0.07		14 × 0.07 = 0.98(誤差2%)
15	⇌		0.07	15 × 0.07 = 1.05(誤差5%)
16	⇌		0.06	16 × 0.06 = 0.96(誤差4%)
17	⇌	0.06		17 × 0.06 = 1.02(誤差2%)
18	⇌		0.06	18 × 0.06 = 1.08(誤差8%)
19	⇌		0.05	11 × 0.05 = 0.95(誤差5%)

これを見て、

　　12 と 13 の逆数はどちらも 0.08
　　14 と 15 の逆数はどちらも 0.07
　　16 と 17 と 18 の逆数はいずれも 0.06

と考えるなんて、随分乱暴だと思われるかもしれません。でも、あくまで**暗算によるスピーディーな概算**が目的なのでこれで良いのです。

なお表の「誤差」は掛け合わせたときの 1 からのずれを表しています。たとえば、11×0.09＝0.99 は 1 からのずれが 1％ですが、12×0.08＝0.96 は 1 からのずれが 4％です。一番誤差が大きいのは、18×0.06＝1.08 で、誤差は 8％になります。ちなみに 18×0.055＝0.99 で誤差は 1％なので、もし余裕があれば、18 の「ほぼ逆数」は 0.055 を使った方が良いかもしれません。

例）42 × 14

$$42 \times 14 \to 42 \div 0.07 = \frac{42}{0.07} = \frac{4200}{7} = 600$$

「×14」の代わりに、14 のほぼ逆数である 0.07 を使って「÷0.07」としています。

なお数式で書くと上のような計算になりますが、私が実際に概算するときは次のように考えています。

1．42 × 14 の結果は 3 桁になることを確認（四捨五入

すると 40 × 10 = 400 になることから類推）
2．「42 ÷ 7 = 6」と暗算
3．3桁だから600

　ちなみに、正しく計算すると「42×14＝588」なので、概算結果の600との誤差は約2%です。

例）103 ÷ 16

$$103 ÷ 16 → 103 × 0.06 = 6.18$$

　今度は、「÷16」の代わりに、16のほぼ逆数である0.06を使って「×0.06」としています。
　こちらも実際には次のように考えます。

1．103 ÷ 16 の結果の整数部分は1桁になることを確認（四捨五入すると 100 ÷ 20 = 5 になることから類推）
2．「103 × 6 = 618」と暗算
3．整数部分は1桁だから6.18

解答　　(1) 約4410　　(2) 約3200

解説

(1) 69 × 64

$$69 × 64 → (69 + 1) × (64 - 1) = 70 × 63 = \mathbf{4410}$$

69 に「1」を足して 70 にしたので、64 からは「1」を引いて 63 にします。ちなみに正しい計算結果（69×64＝4416）との誤差は 0.1％程度です。

(2) 2880 × 1.1

$$2880 \times 1.1 \to 2880 \div 0.9 = \frac{2880}{0.9} = \frac{28800}{9} = \mathbf{3200}$$

11 の「ほぼ逆数」は 0.09 なので、1.1 の「ほぼ逆数」は 0.9 です。**1.1 ⇄ 0.9 の「ほぼ逆数」**の関係は、消費税が 10％のとき、税抜きの価格から税込み価格を概算したいシーンなどで使えるでしょう。

ここでも実際には次のように考えます。

1．2880 × 1.1 は 4 桁であることを確認（2880 の 1 割増しは 4 桁だろうと類推）
2．「288 ÷ 9 ＝ 32」と暗算
3．4 桁だから 3200

ちなみに正しい計算結果は 2880×1.1＝3168 です（誤差約 1％）。

> 注）「○ × 1.1」の計算は、○の数を 1 桁右にずらして（○の数の $\frac{1}{10}$ を）、もとの○と足せば求められる（小数点の位置は注意）ので、足すときに繰り上がりがなく暗算しやすいときは、わざわざ「ほぼ逆数」を使って近似する必要はないかもしれません。

第 4 章

数値化の鬼になる

> ねらい

　言うまでもありませんが、**数字のもつ論理性、客観性、説得力**などは、数学的にものごとを考える際の拠り所になります。

　誰かによって提示される数字の意味を理解することももちろん大切ですが、数学的に意思決定を行うためには、自分で数字を生み出すスキルも必要です。

　そこで本章では、質的なものを数値化する**定量化**、だいたいの値を見積もる**フェルミ推定**、大きな数の意味をわかりやすくする**スケールダウン**など、**自ら数字を作る方法**を中心にお話ししていきます。

定量化

> **【問題13】**
> 「カスタマーサービスの質が良い店は、店員の対応スキルと顧客満足度の両方が高い」という定性的な情報を、定量化する方法を考えてください。

目標の達成や生産性の向上に有効とされる **MORSの法則**をご存じでしょうか？

MORSの法則は、人間の行動を体系的・総合的に研究する**行動科学**における「行動と呼べるものの定義」です。「MORS」は以下の4つの指標の頭文字です。

・Measured（計測できる）　　→数値化できる
・Observable（観察できる）　→客観的である
・Reliable（信頼できる）　　→再現性がある
・Specific（明確化されている）→具体的である

たとえば「毎日散歩をする」というのは、一般的には「行動」でしょう。しかし、行動科学では行動を定義するものとは見なされません。MORSの法則に当てはまらないからです。

まず散歩をする時間や距離が示されていない点で数値化できていません（計測できない）し、「散歩」というのが、どの程度の速度で歩くことを言っているのかも不明確なため、客観性にも欠けます（観察できない）。

また「毎日」というのは、文字通りの毎日で、どんな悪天候でも行くのか、あるいは大雨や大雪であれば中止するのかも明確ではないですね。これでは、人によって異なる「行動」になる可能性があるので、再現性がありません（信頼できない）。

　このように「毎日散歩をする」は、全体的に具体性に欠ける（明確化されていない）表現なのです。

　では、どうすれば「行動」になるのでしょうか？

　たとえば「毎朝7:00の時点で1時間の降水量が1mm以上でなければ、7:00からの30分間、家から公園までの1km程度の道のりを往復する」とすれば良いでしょう。ここまで詳細に言えばMORSのすべての要件を満たします。

《定性的と定量的》

　MORSの法則で最も大切なこと、それは「M」のMeasured（計測できる）であると私は思います。

　なぜなら、計測できるということは数値化されているということであり、数値で表されたものは、客観性も再現性も担保でき、何より具体的になるからです。

　ビジネスパーソンであれば、一度は「**定性的な表現ではなく、定量的な表現を使いなさい**」という意味の言葉を見聞きしたことがあるでしょう。

　辞書的には、**定性的とは「対象の状態を不連続な性質の変化に着目してとらえること」**であり、**定量的とは「対象の状態を連続する数値の変化に着目してとらえること**」を言います（『大辞林』第4版）。

たとえば「Aは勉強を頑張っているが、Bは勉強を頑張っていない」という表現は定性的です。「頑張っている」と「頑張っていない」は明確に異なる状態として捉えられており、その間の連続的な変化や程度の違いは無視されていますね。

しかし「1日にAは5時間も勉強するが、Bは30分しか勉強しない」と言えば、時間は連続する数値の変化と捉えられるので、定量的です。

この例からもわかるように定性的とは「数値・数量で表せないさまのこと」であり、定量的とは「数値・数量で表せるさまのこと」と言うこともできます。

《定量化のススメ》

一般には質的にしか表せないと考えられている事柄を、数値・数量で表そうとすることを「定量化」と言います。

先ほどの例のように「頑張っている」という状態を時間で表そうとするのも定量化です。

誰もが経験している通り、試験の結果が悪かったときに「次はもっと頑張ろう」と思うだけでは、大抵次の試験も同じような結果になります。決意が定性的であるために具体的な行動に繋げられないからです。

一方、「毎日の勉強時間をこれまでより1時間増やそう。そして試験の2週間前からは、勉強時間をさらに1時間増やし、1週間前には問題集のすべての問題を解けるようにしよう」という決意であれば（それが実行できれば、ですが）、きっと結果は改善されるでしょう。なぜなら決意が定量化されていて、どのように行動するべき

かが明確だからです。
　定量化ができれば、MORSの法則に適(かな)うような「行動」に繋がり、生産性の向上や目標の達成が望めます。これが「定量的であれ」という言葉の真意です。

解答例

　いろいろな解答が考えられますが、ここではカスタマーサービスの質（Customer Service Quality、以下CSQ）を、（店員の）対応スキルと顧客満足度を用いて次のように定義します。

CSQ＝対応スキル×顧客満足度

　さらに、対応スキルと顧客満足度はそれぞれ次のように分解しました。

対応スキル＝問題解決能力＋コミュニケーション能力
顧客満足度＝満足度＋リピート意向

　それぞれの項目には次のようにスコアを付けます。

〔問題解決能力〕
・迅速(じんそく)に問題を解決できる…2点
・時間はかかるが最終的に解決できる…1点
・解決できない…0点

〔コミュニケーション能力〕

- 明確で親切な説明ができる…2点
- 不明瞭だが努力して説明しようとする…1点
- 説明が不親切で不明瞭…0点

〔満足度〕
- 満足…2点
- 普通…1点
- 不満…0点

〔リピート意向〕
- また利用したい…2点
- 利用しても良い…1点
- 利用したくない…0点

例） 問題解決能力：1点
　　　コミュニケーション能力：2点
　⇒対応スキル：1 + 2 = 3（点）
　　　満足度：2点
　　　リピート意向：1点
　⇒顧客満足度：2 + 1 = 3（点）
　CSQ ＝対応スキル×顧客満足度＝ 3 × 3 ＝ 9（点）

―――――――――――――――――――――
 解説

　CSQを対応スキルと顧客満足度の（足し算ではなく）掛け算にしたのは、一方だけが高くても他方が0であればCSQは0になることを示唆しています。

　また、対応スキルと顧客満足度を「対応スキル＝問題

解決能力＋コミュニケーション能力」、「顧客満足度＝満足度＋リピート意向」と**分解**しているところにも注目してください。

　分解ができればできるほど、定量化の内容は濃くなり、結果の分析や改善点の抽出がやりやすくなります。

第 I 部　第 4 章　数値化の鬼になる

有効数字に慣れる

【問題 14】
　Excel の表の中に「7.595E＋8」という数値が出てきました。これは何を意味しているか答えなさい。

　100g 単位まで測れる体重計に乗ってデジタルで「72.3kg」と表示されたとき、自分の体重が 72.30000…kg（小数第 2 位以降 0 が永遠に続く、つまり端数は 300g ちょうど）だと思う人はいないでしょう。

　表示された「72.3kg」は小数第 2 位を**四捨五入**した値であり、実際は「72.25kg 以上 72.35kg 未満」です。

　いわゆる誤差には、測定の際に生じる測定誤差の他に、計算の途中で生じてしまう計算誤差や統計的処理で生じる統計誤差（標準誤差）などがあります。

　光速のように値そのものが厳密に定義されている場合を除き、**世の中のすべての数値は誤差を含んでいる**と考えてください。

《有効数字の基本》

　測定値や計算値などにおいて信頼できる数字のことを**有効数字**と言い、有効数字の桁数を**有効桁数**と言います。先の体重計の例における有効数字は 72.3（kg）であり、この場合、有効桁数は 3 桁です。

　ここで、**末尾の数字は**（その 1 つ下の位を四捨五入した値であるため）**誤差を含んでいる**（測定値が 72.3kg な

ら、真の値は 72.25kg 以上 72.35kg 未満）ことに注意してください。

　数値が小数点以下まで続く場合は、有効桁数がわかりやすいのであまり問題にならないのですが、「8,000 万年前の化石」のように整数で与えられた数値は、その有効桁数がわかりづらいという欠点があります。

　そこで 8,000 万 = 80,000,000（0 が 7 個）のことを、その有効桁数に応じて、

8×10^7（有効数字 1 桁）
8.0×10^7（有効数字 2 桁）
8.00×10^7（有効数字 3 桁）

と表します。このような表記を**科学的表記法**と言います。

　一般に、$m \times 10^n$ の形で表される科学的表記法において、**m の桁数が有効桁数を表します**。

　この表し方は有効数字の桁数がわかるだけでなく、特に大きな数字の場合には 10^n の n によって全体が何桁の数であるかもわかるので、慣れると大変便利です。

《有効数字を使うメリット》

　有効数字を意識し、科学的表記法などを用いて明確に示すことのメリットをまとめておきましょう。

①信頼性アップ

　ビジネスの現場では、データや数値が多く使用されま

す。これらの数値が正確であることは、情報の信頼性を高めるために非常に重要です。有効数字を意識することで、数値の精度が明確になり、情報提供者としての信頼性が向上します。

たとえば、プロジェクトの予算見積もりや売上予測を提示する際に、有効数字を適切に使うことで、見積もりの根拠がしっかりしていることを示すことができます。これによって、クライアントや上司の信頼が得やすくなるのは言うまでもありません。

②誤解防止

有効数字を適切に使うことで、数値がもつ意味や精度を正確に伝えることができます。これにより、受け手は数値を正しく解釈することができ、誤解を防ぐことができます。

たとえば、売上増加率が「3.456％」と「3％」では、受け手に与える印象が異なります。前者は精密な計算結果であることを示しており、後者は概算であることを示しています。

③効率化

有効数字の適切な使用は、効率性の向上にも繋がります。

過剰に精密な数値を使うことは、計算や検証の負担をいたずらに増やします。

たとえば、在庫管理や生産計画を立てる際に、過度に詳細な数値を使用すると、管理が煩雑になるのは想像に

難(かた)くないでしょう。

また、有効数字を適切に用いて必要な精度の数字を伝えられれば、無駄がなくなり、情報の伝達と理解が容易になります。

《有効数字の計算》

有効桁数が違う数どうしの計算についても見ておきましょう。

ここでは例として、有効数字3桁の1.23と有効数字が2桁の4.5の足し算と掛け算を考えます。それぞれ末尾の「3」と「5」は誤差を含むことに注意してください。

計算結果の有効桁数

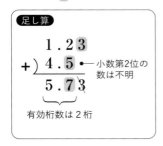

上の計算からもわかる通り、有効数字どうしの足し算においては、末尾の数字の位が高い方の位(この場合は4.5の小数第1位)までしか意味がありません。結果とし

て得られるのは有効数字が2桁の数です（引き算についても同じことが言えます）。

掛け算においては、誤差を含む数どうしの和や積は信用できないことを考えると、結果はやはり有効数字が2桁の数になります（割り算についても同様です）。

結局、**有効数字の桁数が異なる数の計算において、結果の精度を支配するのは、一番精度が低い数字です。**

解答　759,500,000（7億5,950万）

解説

Excelや関数電卓で計算結果の桁数が多いとき、あるいは統計資料などにおいて、「7.595E＋8」のような表記を見かけることがあると思います。ここで「E＋8」は 10^8 という意味です。すなわち、

$$7.595\mathrm{E}+8 = 7.595 \times 10^8 = \mathbf{759{,}500{,}000}\ （\mathbf{7億5{,}950万}）$$

です。

ちなみにEは「指数」を意味する "exponent" の頭文字に由来します。「指数」とは、たとえば $2 \times 2 \times 2$ を 2^3 と表すときの「3」のことです。繰り返し掛け合わせることを「累乗（るいじょう）」と言うので「指数」は「累乗の指数」と言うこともあります。

大きな数字の捉え方

【問題15】
次の数の読み方を選択肢から選んでください。
(1) 1,000,000
　（ア）十万
　（イ）百万
　（ウ）千万
(2) 3,000,000,000
　（ア）三百万
　（イ）三千万
　（ウ）三十億
(3) 50,040,002,000,000
　（ア）五兆四億二百万
　（イ）五十兆四百億二百万
　（ウ）五百兆四千億二百万

《日本語読みとアメリカ英語読み》

桁の多い数を表すときは、3桁ごとにコンマ (,) を付けます。これは英語が thousand（千）、million（百万）、billion（十億）、trillion（一兆）、quadrillion（千兆）と3桁ごとに呼称を変えるからです。

ちなみに「bi-」「tri-」「quadri-」はそれぞれ「2つ」「3つ」「4つ」を表す接頭辞でラテン語由来です。

一方、日本では万、億、兆と4桁ごとに呼称を変える

第 I 部　第 4 章　数値化の鬼になる

ので、コンマ表記を読みづらく感じている方もいらっしゃるかもしれません。

コンマの付いた桁の多い数を素早く読むコツは、**コンマ2つ（0が6個）を百万**と覚えてしまうことです。

またコンマごとに千、百万、十億、一兆と呼称を変えながら千→百→十→一と数詞に付く数字が1桁ずつ小さくなっていくことを知っていれば、「一、十、百、千、万、……」と1桁ずつ数える必要はなくなります。

百万の百万倍（$10^6 \times 10^6 = 10^{12}$）が一兆であると記憶しておくのも有効です。そうすれば、**コンマ4つ（0が12個）で一兆**だとすぐにわかります。

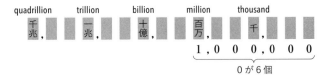

数詞を用いて数を表す方法のことを**命数法**と言いますが、西洋の命数法には大きく分けて short scale と呼ばれるものと long scale と呼ばれるものの2種類があります。現在、英語圏では3桁ごとに呼称が変わる short scale が主流です。ただし、イギリスでは6桁ごとに呼称を変える long scale が使われていた時期もありました。そのため、今でもイギリスでは billion が一兆を表すこともありますので注意してください。

解 答

(1) … (イ) 百万

(2) … (ウ) 三十億
(3) … (イ) 五十兆四百億二百万

解説

(1) 1,000,000
「コンマ２つで百万」を使えば、「百万」とすぐ読めます。
(2) 3,000,000,000
「コンマごとに千→百万→十億→一兆」であることを使えば、「三十億」とわかりますね。
(3) 50,040,002,000,000
「コンマ４つで一兆」を使って「五十兆」を確定させ、あとは「コンマごとに千→百万→十億→一兆」を使って、「四百億」を読み、最後に「コンマ２つで百万」を使って「二百万」と読みましょう。

第1部　第4章　数値化の鬼になる

フェルミ推定

【問題16】
スーパーやコンビニでレジ袋を買わずにマイバックを持参すると、1年間でいくら節約できるかを概算しなさい。

フェルミ推定をご存じでしょうか？

フェルミ推定というのは、簡単に言ってしまえば**論理的に「だいたいの値」を見積もる手法**のことです。

ビジネスシーンでは、Google や Microsoft といった企業が入社試験に「東京にはマンホールがいくつあるか？」のような問題を頻繁に出したことで、注目を集めるようになりました。

フェルミ推定の問題を出題すると、受験者が論理的思考力をもっているかどうかが判断できるため、近年では、様々な企業の入社試験でこの手の問題が出題されているようです。

後述するように、仕事の現場や生活の中でも「だいたいの値を見積もる」能力は重宝するので、この機会に是非、コツをつかんでください。

《「だいたいの値」を見積もる達人エンリコ・フェルミ》

「フェルミ推定」というネーミングは、ノーベル物理学賞を受賞した**エンリコ・フェルミ（1901-1954）**に由来します。フェルミは理論物理学者としても実験物理学者

としても目覚ましい業績を残しました。

フェルミは、爆弾が爆発した際、ティッシュペーパーを落として、爆風に舞うティッシュペーパーの軌道(きどう)から爆弾の火薬の量を推定できたと言われています。天才物理学者のフェルミは「だいたいの値」を見積もる達人でもあったのです。

《「だいたいの値」を見積もることの意味》

かつて、マクロ経済学を確立させた**ジョン・メイナード・ケインズ**(1883−1946)は次のように言いました。

"I'd rather be vaguely right than precisely wrong."
(私は正確に間違うよりも漠然と正しくありたい)

もちろん、正確な数字が必要な場面もあります。そんなときは官公庁が発表している統計データや学者の論文を吟味するなどして、細かい数字を弾(はじ)き出さなければなりません。でもこうした作業は骨が折れますし、時間もかかります。しかも統計的に算出された数字は確率的要素を含むため、時間と労力をかけて導き出した数字が「絶対に正しい数字である」とは断言できないところも厄介(やっかい)です。どんなに正確な数字を弾き出そうとしても、結果として間違ってしまうことがあるわけです。これが「**正確に間違う**」という意味です。

一方、「フェルミ推定」で弾き出した「だいたいの値」は、桁が違うほど大きく外(はず)れることはほとんどありません。これが「**漠然と正しい**」という意味です。

だいたいの数量や規模がわかれば適切な判断ができるケースや、話の内容が理解できるケースはたくさんあります。

たとえば、新規の企画を考える会議のとき、ブレーンストーミング（自由な意見交換）の段階では、いろいろな市場の規模をその場で概算できる力は重宝されるでしょう。

またプライベートでも、1冊の問題集を解き終えるまでの時間、希望体重を実現するためのダイエットの週間目標などがさっと概算できれば便利です。

《フェルミ推定の手順》

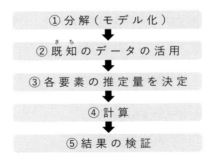

上の図は、フェルミ推定を行う手順をフローチャートにまとめたものです。実際に例題を解きながら説明します。

例）日本の年間書籍（雑誌を含む）売上はいくらか？

①分解（モデル化）

まず、求めたい「だいたいの値」を計算するにはどのような要素に分解すれば良いかを考えます。

実は、フェルミ推定によって出した値と実際の値との**誤差は、要素の数が多ければ多いほど小さくなります。**なぜでしょうか？

それは推定量を決定する際、すべての要素が大きすぎたり、すべてが小さすぎたりすることは滅多にないからです。

要素の数が多ければ、大きすぎる推定量と小さすぎる推定量が互いに過不足分を相殺して、ほどよくバランスをとってくれます。

今回の例題では「日本の年間書籍売上」を次のように分解しました。

　　日本の年間書籍売上
　＝日本の人口
　×読書習慣がある人の割合
　×書籍1冊あたりの平均売値
　×読書習慣がある人1人あたりの年間購読冊数

もちろん、年間の書籍売上を決定する要素は他にもあるでしょう。景気や生活習慣を加味したり、世代別や本の種類別の加重平均を用いたりするべきかもしれません。先ほど「誤差は、要素の数が多いほど小さくなります」と述べたように、これらの要素を加味することは意味が

あります。しかし、そうした複雑な要因を考慮しすぎると、式を作ることが難しくなってしまいます。

ですから思い切って**(不要と思われる部分はそぎ落として)モデル化する大胆さも必要**です。

大きく外れたらみっともない、と尻込みするくらいなら、先ほど紹介したケインズの言葉を思い出し、**桁違いにならなければ十分！** と気楽に構えて、まずは値を出してみましょう。

②既知のデータの活用

①で洗い出した要素の中に、常識の範囲で知っているデータがあれば使いましょう。

今回は「日本の人口」がこれにあたります。

・日本の人口＝ **12,000 万人（1 億 2,000 万人）**

③各要素の推定量を決定

いよいよ各要素の推定量を決定していきます。ポイントは「いかに大胆になれるか」です。

今回の例題では次のように考えました。

・読書習慣がある人の割合

活字離れが言われて久しいものの、「読書」の対象を、学習参考書、写真集、雑誌、コミックなどにまで広げれば、子どもからご年配まで読書習慣のある人はまだまだいます(そう信じたいです)。そこで**読書習慣のある人の割合は70%**にします。

・書籍1冊あたりの平均売値

週刊誌なら 400 〜 500 円、単行本なら 1,500 円前後と、

これもかなり開きがありますが、ここは大胆に**書籍1冊あたりの平均売値は1,000円**ということにします（迷ったらできるだけ計算しやすい数字にしてください）。

・読書習慣がある人1人あたりの年間購読冊数

毎週決まった雑誌を買う人もいれば、1年に1～2冊という人もいるでしょう。また好きなコミックが出れば必ず買うという人も少なくありません。そこで読書習慣がある人1人あたりの購読冊数は月に1～2冊、**年間では20冊**ということにします。

④計算

①で作ったモデルの式に、②と③の値を代入して計算します。

　　日本の年間書籍売上
= 日本の人口
× 読書習慣がある人の割合
× 書籍1冊あたりの平均売値
× 読書習慣がある人1人あたりの年間購読冊数

= 12,000万（人）
× 70（%）
× 1,000（円）
× 20（冊）
= 16,800億（円）

⑤結果の検証

フェルミ推定によって値が出たら、検証をしてみましょう。特に公式の統計資料などが調べられるときには、自分の推定値と実際の値の誤差がどれくらいかを調べることで、誤差が小さければ（桁違いでなければ）、良い推定ができた、と自信がもてます。逆に**誤差が大きかったとしても、推定方法のブラッシュアップができますし、思いもよらない事実の発見に繋がるかもしれません。**

ちなみに、公益社団法人全国出版協会・出版科学研究所が発表した出版市場調査によると、2023年の紙＋電子の出版物の推定販売金額は15,963億円（1兆5963億円）です。推定値は16,800億円でしたから、今回は良い推定になりました。

解答例 780円

解説

①分解（モデル化）
　　1年で節約できる金額
　＝買い物1回あたりのレジ袋の枚数
　　×レジ袋1枚あたりの金額
　　×1週あたりの買い物回数
　　×年間の週数

②既知のデータの活用
・年間の週数＝52週

③各要素の推定量を決定

自身の経験などをもとに決めていきましょう。今回は次のようにしました。
・買い物1回あたりのレジ袋の枚数＝1枚
・レジ袋1枚あたりの金額＝3円
・1週あたりの買い物回数＝5回

④計算
　　1年で節約できる金額
　＝買い物1回あたりのレジ袋の枚数
　×レジ袋1枚あたりの金額
　×1週あたりの買い物回数
　×年間の週数
　＝1（枚）×3（円）×5（回）×52（週）
　＝ **780（円）**

⑤結果の検証

環境省の2020年の試算によるとレジ袋の流通量は年間20万トンだったそうです。レジ袋の重さは平均するとだいたい7g程度なので、300億枚くらいが流通したと考えていいでしょう。

買い物をする人口をざっと1億人と見積もると、1人あたり年間300枚程度レジ袋を使ったことになります。

上の計算では、1人あたり260枚（780円÷3円＝260枚）になるので、良い推定だと言えそうです。

なお、私が出した「780円」はあくまでフェルミ推定の一例です。他の考え方も当然あり得ます。
　もしあなたが別の方法で行ったフェルミ推定の結果が桁違いでなければ、それで問題ありません。

スケールダウンの妙

【問題17】
15万人が受験したテストで9,000位だったとします。この順位を適当なスケールダウンを使ってわかりやすく表してください。

2001年頃、アメリカで起きた同時多発テロに人々が震撼する中、1通のメールが世界中を駆け巡りました。

そのメールのタイトルは「世界がもし100人の村だったら」。世界人口の63億人（当時）を100人の村に縮めるとどうなるか、という視点で「52人が女性、48人が男性」「20人は栄養が十分でなく、1人は死にそうだが、15人は太りすぎ」などと綴られています。

このメールの内容を再編して日本で出版された書籍は、140万部を超えるベストセラーになりました。

どうしてここまでの大ブームになったのでしょうか？

それは、同時多発テロ後の反戦平和を求める気運が、世界の相互理解、相互受容を訴える内容にマッチしたという側面以上に、わかりやすかったからです。

63億人というとてつもない規模ではイメージできないことが、100人の規模に縮小されると、途端に身近な問題に感じられ理解が進みます。

本節ではこうした**スケールダウンの妙**を使って大きな数字をわかりやすく伝える練習をしましょう。

《宇宙のスケールダウン》

宇宙は、スケールが大きすぎてイメージしづらいものの代表格です。そこで試しに、太陽と地球までの距離をスケールダウンしてみましょう。

地球から太陽までの距離は**約1億5000万km**です。これをイメージするために、**直径約1万3000kmの地球を直径約7cmのテニスボールにスケールダウン**します。

すると、1億5000万kmは何mになるでしょうか?

直径に対する距離の**割合(49頁)** は同じなので、スケールダウンしたときの太陽までの距離を x (m) とすると、次のような計算になります。

$$\frac{150{,}000{,}000 (\mathrm{km})}{13{,}000 (\mathrm{km})} = \frac{x (\mathrm{m})}{0.07 (\mathrm{m})}$$ ← 分母と分子で単位をそろえる

$$\Rightarrow \frac{150{,}000}{13} = \frac{x}{0.07}$$

$$\frac{A}{B} = \frac{C}{D} \Leftrightarrow A \times D = B \times C$$

$$\Rightarrow 150{,}000 \times 0.07 = 13x$$

$$\Rightarrow x = \frac{150{,}000 \times 0.07}{13}$$
$$= 807.69\cdots (\mathrm{m})$$
$$\fallingdotseq 800 (\mathrm{m})$$

約800mとわかりました。

同じようにスケールダウンすると、地球をテニスボー

ルの大きさにしたとき、太陽（直径約 139 万 km）は直径約 7m の球になります（是非、確かめてみてください！）。

つまり、太陽が地球を照らしている状態は、2 階建ての家ほどの大きさの球体が放つ光が、徒歩 10 分（分速 80m で換算）の距離にあるテニスボールを照らしている状態です。

こう考えると、1 億 5000 万 km という距離の遠さがうんとイメージしやすくなったのではないでしょうか。

《国家予算のスケールダウン》

国家予算もスケールが大きすぎてイメージしづらいものの 1 つです。

国税庁の発表によると令和 6（2024）年度の財政状況は次の表のようになっています。

内容	収入	支出
税収 + 税外収入	77.2	
一般歳出・地方交付税交付金等		85.6
国債費		27.0
公債金	35.4	
合計	112.6	112.6

（兆円）

これを年収が 500 万円の家計にスケールダウンしてみましょう。各項目は次のように読み替えます。

税収 + 税外収入 → 年収

一般歳出・地方交付税交付金等 → 家計費
国債費 → 借金返済資金
公債金 → 借入

　たとえば、家計にスケールダウンしたときの年収に対する借金返済資金 x（万円）の割合が、国家予算における税収などに対する国債費の割合と同じだとすると、次のような計算になります。

$$\frac{27.0(兆円)}{77.2(兆円)} = \frac{x(万円)}{500(万円)}$$

$$\Rightarrow \frac{270}{772} = \frac{x}{500}$$

$$\Rightarrow 270 \times 500 = 772x$$

$$\Rightarrow x = \frac{270 \times 500}{772}$$

$$= 174.87\cdots (万円)$$

$$\fallingdotseq 175 (万円)$$

現在の我が国の財政は、年収500万円のうち175万円を借金の返済に充てなくてはいけないのですね。
　同様に計算してまとめると次頁のようになります。

内容	収入	支出
年収	500	
家計費		554
借金返済資金		175
借入	229	
合計	729	729

(万円)

500万円の年収に対して、229万円も新たに借金しなくてはいけないことなどから、国の財政の現実がイメージしやすくなりましたね。

解答例　40人のクラスなら2〜3位

解説

15万人は数が大きくてわかりづらいので、受験者数が40人だったら何位になるかを考えてみましょう。

受験者数に対する順位の割合は同じなので、スケールダウンしたときの順位を x（位）とすると次のようになります。

$$\frac{9{,}000(位)}{150{,}000(人)} = \frac{x(位)}{40(人)}$$

$$\Rightarrow \frac{3}{50} = \frac{x}{40}$$

$$\Rightarrow 3 \times 40 = 50x$$

$$\Rightarrow x = \frac{3 \times 40}{50}$$

$$= 2.4（位）$$

2～3位とわかりました。

学生時代、1クラスの人数が40人程度だった人は多いと思うので、クラスで2位か3位といったイメージです。これならわかりやすいのではないでしょうか？

ちなみに、共通テストのように多くの受験生が受験するテストの結果は、たいてい**正規分布**と言われる左右対称の釣り鐘型の得点分布になります。

このとき**偏差値70以上は上位2.5％**くらいなので、受験者数が15万人の場合は3,750位以内に入れば、偏差値は70を超えるでしょう。

第 II 部

第 5 章

論理的になる

ねらい

言うまでもありませんが、数学的に意思決定を行うためには、論理的でなくてはいけません。

本章では、論理的思考の基礎となる重要な要素を学びます。

まず、**定義を確認**することの重要性を見直し、次に**必要条件**と**十分条件**の概念を理解していただきます。

さらに、通常の方法では真偽(しんぎ)の判定や証明が困難な命題に対して、効果的な手法である**対偶**(たいぐう)と**背理法**についても解説します。

定義の確認

> **【問題18】**
> 次の表現は意味が曖昧になりがちな言葉を含んでいます。これらをそれぞれ意味が明白になるように言い換えなさい。
> (1) 近日中にご連絡できると思います。
> (2) ちょっとだけ残業をお願いできますか?
> (3) アサインされた役割にはコミットメントをもて。

「論理的である」とは、ものごとを筋道立てて考えられるさまを言います。ああでもない、こうでもないと試行錯誤しながらも、誰の目にも正しく思える方法で理屈を積み上げることを論理的と言うのです。

数学の歴史とは、論理的思考の歴史であると言っても過言ではありません。立場・主義・主張の如何を問わずどのような人にとっても**正しいことが明白な結論を導く努力の結晶**が数学という学問です。

では論理的であるために最も必要なことは何でしょうか? 先入観や偏見の排除、因果関係の理解、批判的思考、……など様々考えられますが、論理的であるために最も必要なのは議論の最初に**定義の確認**を行うことです。

これは私個人の意見ではありません。古代ギリシャの**ユークリッド(紀元前300年頃)** が書いた『原論』にも議論の最初に定義を確認することの大切さが、はっきりと書かれています。『原論』はその後2,000年以上にわた

って世界中で標準的な数学の教科書として読まれた記念碑的な書籍です。この本に書かれた方法論を、多くの数学者・科学者が論理的に真理を導くための拠り所にしました。

　定義とは、**言葉の意味や用法を明確に定めたもの**を言います。総じて言葉の意味として辞書に載っているのは、その言葉の定義です。

　平行四辺形：「二組の相対する辺がそれぞれ互いに平行
　　　　　　　な四辺形」
　会社：「営利を目的とする社団法人」
　　　　　　　　　　　　（ともに『広辞苑』第7版）

　仮に、AさんとBさんが「子どもの理系離れ」について議論しているとします。最近は数学や理科が嫌いな子どもが増えているから何か対策はないか、と議論しているわけです。

　でもよくよく聞いてみると、Aさんの言う「子ども」は小学生くらいをイメージしているのに対し、Bさんの言う「子ども」は大学生を含めた学生全般を指しています。そのせいで2人の議論はかみ合わず、建設的な議論はできませんでした。もちろんこれでは、論理的であるとは言えません。

　私たちは頭の中で思考を重ねるとき「言葉」を使います。その言葉の意味が誤っていたり、曖昧だったりしたら、正しい結論を導くことができないのは当然です。

　だからこそ、**論理的に考えようとするとき、最初に使**

う言葉の定義を確認することはとても重要なのです。

《「常識」は通用しない》

　常識の範囲のことは、改めて定義しなくても良いでしょう、と思われるかもしれません。

　でも、コミュニケーションにおいて最も厄介なのは、実はこの「常識」です。

　たとえば、あなたが上司から、
「明日までに資料を用意しておいて」
と言われた場合、明日の始業時間前までに用意するのか、昼頃までに用意すれば良いのか、あるいは終業時間までに用意すれば良いのか、迷わないでしょうか？

　もし上司が、
「『明日まで』と言われたら始業前に用意するのが常識だろう」
と言ったとしたら、それは上司の傲慢です。

　上司は「昼の12:00までに」のように誤解のない伝え方をすべきです。また部下であるあなたも、その場で「明日の何時までに用意すればよろしいでしょうか？」と確認しなくてはいけません。

　かつてアインシュタインは常識について次のように言いました。

「常識とは18歳までに身につけた偏見のコレクションである」

　この言葉は、誰もが肝に銘じるべきではないでしょう

か。自分が常識だと思っていることが、実は単なる思い込みであることは少なくないからです。

もちろん社会人として常識を身につけることは大切だと思いますが、一方で、いつも、

「これは本当に常識だろうか？」

と自問することを忘れないでください。**自分にとっての常識が他人にとっての非常識である可能性はいつもあるのです。**

コミュニケーションにおける誤解をふせぎ、論理的に議論を進めるために、使う言葉の定義は（しつこいくらいに）確認するようにしましょう。

《意味が曖昧になりがちな言葉》

ただ、実際の生活において、定義を確認すべき言葉があまりに多いと、確認に必要な物理的な時間のせいで会話や仕事が滞り、コミュニケーションが立ちゆかなくなってしまうでしょう。

そこで、少なくとも自分が使う言葉については、そもそも意味が曖昧になりがちな言葉は極力使わないようにしたいものです。

では、「意味が曖昧になりがちな言葉」とはいったいどんな言葉でしょうか？「意味が曖昧になりがちな言葉」には次の4種類があると私は思います。

〔NGワード〕
①推量表現
例）たぶん、おそらく、〜のはずです

②数や量、時間に関する曖昧な表現
例）多大な、たくさんの、ちょっと、早めに

③主観的判断を伴う表現
例）普通、誰でも、珍しい

④不必要なカタカナ語
例）イニシアチブ、アジェンダ、スキーム

これらの NG ワードは次のように置き換えましょう。

〔NG ワード対処法〕
①断定表現に置き換える
例）たぶん明日の 12：00 までには届くと思います
　　→明日の 12：00 までには届きます

②数字に置き換える
例）ちょっとお時間よろしいですか？
　　→3 分だけお時間よろしいですか？

③客観的な判断の根拠に換える
例）普通は成功するよ
　　→これまで 10 回中 9 回は成功しているよ

④日本語に訳す
例）君がイニシアチブをとってアジェンダしてくれ

→君が率先して、予定を立ててくれ

　①は言わずもがなですね。②については第4章でお話しした「数値化」に通じます。また、③についてはいつも客観的な根拠に置き換えられるわけではないと思いますが、そのような場合には「個人的見解では」と添えるなど、それが主観に基づく判断であることを明示しましょう。④のカタカナ語は往々にして格好よく感じられるので、定義（意味）の理解が曖昧なままに使う人が多く、言葉だけがひとり歩きをしてしまいがちです。

解答例
(1) 明後日の正午までにはご連絡します。
(2) 30分だけ残業をお願いできますか？
(3) 任命された役割に対して責任をもて。

解説
(1) …「近日中に」という表現では期日が曖昧なので、ここは具体的に示したいところです。また「思います」という表現も推量を含んでいて曖昧です。責任をもって断言しましょう。
(2) …「ちょっとだけ」という表現も曖昧なので、何分（何時間）なのかをはっきり示すべきです。
(3) …「アサイン」も「コミットメント」も最近よく耳にする言葉ではありますが、その意味を正確にわかっている人は少ないようです。このような流行りのカタカナ語は、一度しっかりと定義を確かめておきましょう。

・アサイン（Assign）：割り当てる、任命する
・コミットメント（Commitment）：約束、責任、関与

　いずれにしても、意味が明白とは言えない流行のカタカナ語は、不用意には使わない方が無難です。

必要条件と十分条件(1)

【問題19】

次の□□□に当てはまるものを下の(ア)〜(ウ)から選びなさい。

(1) 12月生まれであることは冬生まれであるための□□□。
(2) 携帯電話の電話番号であることは電話番号の最初の3桁が「090」であるための□□□。
(3) 文系であることは数学が苦手であるための□□□。
(ア) 必要条件であるが十分条件ではない
(イ) 十分条件であるが必要条件ではない
(ウ) 必要条件でも十分条件でもない

新入社員が上司に怒られています。

上司「商品がヒットするための条件を考えろって言ったよな?」
新入「はい。ですからまずは店頭で手にとってもらえるような親しみやすいパッケージであることが条件じゃないかと……」
上司「バカ! それは必要条件に過ぎないだろ」
新入「はい?」
上司「俺が言っているのは、ヒットするための十分条件だよ!」

新入「？？？」

必要条件、十分条件というのは、時折耳にすることがあると思います。しかし、この新入社員のように2つの違いが理解できていない人は少なくありません。確かに、日常語のイメージに引っ張られるとわかりづらい用語です。そこで、この節では必要条件と十分条件とは何かを詳しく説明します（具体的な使い方は次節をお読みください）。

《日常語では誤解しやすい「必要」「十分」の意味》

下の図を見てください。

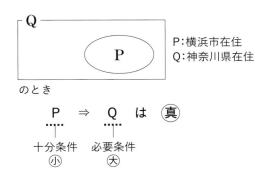

のとき

Pは横浜市在住、Qは神奈川県在住とします。このように**PがQに完全に含まれている場合、「PならばQ」は必ず「真」、つまり「正しい」です。**

「PならばQ」という文を「P⇒Q」と矢印を使って表

すとき、矢印の根本にある「P（である）」という文や式を**必要条件**、矢印の先端にある「Q（である）」という文や式を**十分条件**と言います。

なお「⇒」は論理学で使われる正式な論理記号です。PCで「ならば」と打つと変換候補にこの記号が出てきます。

「横浜市在住⇒神奈川県在住」の例で説明すると、神奈川県在住であることは、横浜市在住であるために少な̇く̇と̇も̇必̇要̇という意味で「必要条件」と言います。

一方、横浜市在住であることは、神奈川県在住であるためにま̇っ̇た̇く̇不̇足̇が̇な̇く̇十̇分̇（お釣りが来るほど十分）という意味で「十分条件」と言います。

数学の「必要条件」「十分条件」は、日常語の「必要」や「十分」とは切り離して考えた方が良いです。日常語は様々なシーンで使われるので、同じ言葉でもニュアンスが違うことがありますが、数学用語の「必要条件」と「十分条件」は文や式の関係を厳密に表しています。

「PならばQ（⇒）Q」という形式の文があって、それが正しいとき、「ならば（⇒）」の前に来るのが「十分条件」、後に来るのが「必要条件」です。こう機械的に考えてください。

先ほどのような図を思い浮かべて、**片方が他方に完全に含まれているならば、小さい方が十分条件、大きい方が必要条件**と考えるのも良いでしょう。

ただし、PやQだけをそれぞれ取り出して必要条件、あるいは十分条件と言うことはできません。あくまで、「PはQであるための十分条件」「QはPであるための必

要条件」というように、2つの文や式の関係を表すためのものです。

なお「P⇒Q」と「Q⇒P」がともに正しいときは、PはQの（あるいはQはPの）**必要十分条件**と言います。

以上の理解をもとに、冒頭の上司と新入社員の行き違いを整理します。

仮に、彼らの会社が扱う製品では、「ヒット商品⇒親しみやすいパッケージ」は真だとしましょう。しかし、親しみやすいパッケージでも、ヒットしない商品はあるはずです。つまり「親しみやすいパッケージ」はヒット商品であるための必要条件に過ぎません。

上司が求めていたのは（そういうものが本当にあるかどうかはともかく）、その条件を満たせば必ずヒットする条件、すなわち下の図のようなヒット商品が内包する条件だったのです。

| 解 答 | (1)…(イ)　(2)…(ア)　(3)…(ウ) |

125

解説

(1)…「12月生まれ」は「冬生まれ」に完全に含まれていて、「12月生まれ」の方が小さいので、12月生まれであることは冬生まれであるための**十分条件**です。

(2)…日本の携帯電話番号の先頭3桁は、利用者数の増加に伴って「090」から「080」(2002年〜)、そして「070」(2013年〜) と拡大されてきました (近く「060」も加わる見通しです)。

「最初の3桁が090」は「携帯電話の電話番号」の中に含まれていて、「携帯電話の電話番号」の方が大きいので、携帯電話の電話番号であることは電話番号の最初の3桁が090であるための**必要条件**です。

(3)…一般には、文系の人は皆数学が苦手であるようなイメージをもたれているようですが、それは偏見です。私の教え子の中にも、最終的には文系に進学したものの、数学が極めて得意だった子は何人かいました。

また、理系でも数学を苦手にしている人はいます。

つまり「文系である」と「数学が苦手である」は互いにはみ出すような関係になっているので、**必要条件とも十分条件とも言うことはできません。**

第Ⅱ部　第5章　論理的になる

必要条件と十分条件（2）

> 【問題20】
> 　上司に次のように言われました。
> 「7時間以上の睡眠をとれば必ず仕事の効率が上がる。だからお前は7時間以上の睡眠をとる必要がある」
> 　必要条件と十分条件の観点から、上司の言葉の矛盾点を指摘してください。

　前節で必要条件と十分条件についてはご理解いただけたでしょうか？

　ビジネスシーンでこれらの用語がそのまま登場することもありますが、必要条件と十分条件の理解は、論理的に物事を考える際にも非常に重要です。

　本節では必要条件や十分条件の具体的な使い方を解説していきます。

《何かを選ぶときは必要条件を重ねる》

　出かける前にクローゼットの前で洋服を選ぶとき、季節が夏なら、夏服の中から選びますね。それは「今日着る服には暑さをしのげることが必要」だからです。同じように、出かけていく場所にふさわしいか、会う相手に失礼がないかなども吟味するでしょう。これらも今日着る服の必要条件です。

　このように、何かを選ぶときは必要条件を重ねていけ

ば、どんどん範囲が狭まり、目的のものが見つかりやすくなります。

　これは、多くの人が無意識に行っていることだと思いますが、「あ、必要条件を使っているな」と意識することが重要です。そうすれば、たとえば次のような効率の悪い会議をせずに済みます。

　　社員Ａ「今度の新製品のアイデアですが、私は競合他社の製品を徹底的に調査しました。その結果わかったことは……（この後約２分続く）」
　　上司　「よく調べてあるな。ところで、製品化になったとしたら小売価格は700円以下に抑えたいのだが、それは大丈夫か？」
　　社員Ａ「どんなに切り詰めても1,000円程度にはなるかと……」
　　社員Ｂ「私は現代の若者のニーズである『等身大』をキーワードにして考えてまいりました。今どきの若者は……（この後約３分続く）」
　　上司　「そうか。よくわかった。ただ、今回の新製品は年内発売を目指している。それは可能かな？」
　　社員Ｂ「こちらの商品化は、早くても年明けの３月になります……」

　もうおわかりですね。そうです。この上司は新製品が満たすべき最低限の必要条件を、後から部下に提示しています。これが、会議の効率が悪くなっている原因です。

本来であれば、「希望小売価格は700円以下で、年内に製品化が可能なものを考えてくれ」と**最初に必要条件を提示するべき**なのです。そうして、あらかじめ考える範囲を狭めておけば、部下も考えやすくなりますし、会議には新製品の必要条件を満たすアイデアだけが出てくるはずですから、せっかく考えたものが無駄になることもありません。

《命題とその真偽》

　数学では、真偽（正しいか正しくないか）を客観的に判断できる事柄を**命題**と言います。
「富士山は世界一高い山である」は、間違っています（偽です）が、客観的に真偽が判定できるので命題です。一方、「富士山は美しい山である」は、美しいかどうかは主観的な判断であり、客観的には真偽が判定できないので命題ではありません。

　一般に、命題「Pならば（⇒）Q」において、P（仮定）は満たすけれど、Q（結論）に当てはまらない例のことを**反例**と言います。

　たとえば「鳥ならば飛ぶことができる」という命題は偽です。なぜならペンギンやダチョウは鳥に分類されますが、飛ぶことができず、反例が存在するからです。

　ある命題について1つでも反例が見つかれば、その命題は偽です。

　これに対して、ある命題が真であることを示すのは簡単ではありません。数学の世界には、反例が見つからないのでおそらく真であると予想されてはいるものの、厳

密な証明ができていない命題がたくさんあります。

《証明したいときは十分条件を意識する》

ただ、ある種の命題に関しては、十分条件を使えば、正しいことが証明できます。

前節でも例にあげた「横浜市在住ならば神奈川県在住」を使って考えてみましょう。

「小 ⇒ 大」は必ず真

この命題は真ですが、「ならば」の前後を逆にした「神奈川県在住ならば横浜市在住」は正しくありません。神奈川県在住の人の中には、川崎市在住や鎌倉市在住など横浜市以外に在住の人がいて、反例があるからです。

一般に、PがQに完全に含まれているとき「P⇒Q」の命題は必ず真です。このときPは（Qであるための）十分条件、Qは（Pであるための）必要条件でしたね（123頁）。つまり、

「十分条件⇒必要条件」は必ず真
「必要条件⇒十分条件」は必ず偽

です。

片方が他方に完全に含まれているならば、小さい方が十分条件、大きい方が必要条件ですから、次のように言うこともできます。

「小⇒大」は必ず真
「大⇒小」は必ず偽

解答

「睡眠時間が7時間以上⇒仕事の効率が上がる」が真ならば、睡眠時間が7時間以上は十分条件なのに、上司があたかも必要条件のように言っているのはおかしい。

解説

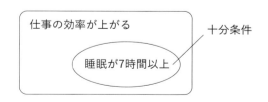

上司は「睡眠が7時間以上⇒仕事の効率が上がる」と

言っているので（ここではこの命題自体の真偽は問いません）、「睡眠が7時間以上」は（仕事の効率が上がるための）十分条件です。それなのに上司は「7時間以上の睡眠が必要である」と言っていて、**必要条件と十分条件がすり替わっています。**

　本来は仕事の効率が上がる方法は他にもあるはずなのに、7時間以上の睡眠が少なくとも必要な条件のように言うのはおかしいわけです。

　他にも「あなたの病気は手術すれば治ります。だから、あなたは手術を受ける必要があります」という医師による説明も同じように矛盾しています。

　一般に「A⇒Bです。だからBのためにはAの必要があります」の形の文章は、論理的に正しくありません。惑わされないように注意しましょう。

第Ⅱ部　第5章　論理的になる

対偶 ── 論理のすり替えを見抜く

【問題21】
「雨ならば機嫌が悪い」が正しいとき、次のうちから必ず正しいと言えるものを選びなさい。
（ア）機嫌が悪いならば雨である
（イ）雨でないならば機嫌が悪くない
（ウ）機嫌が悪くないならば雨でない

あなたの知り合いがこんな風に言ってきました。
「飲食店っていうのは、味が良ければ繁盛するものだよ。あの店は繁盛しているだろ？　だからきっと味が良いんだよ」

さて、この人の発言は論理的と言えるでしょうか？

結論から言えば論理的とは言えません。

世の中には、巧妙に論理のすり替えが行われている非論理的な言い回しがたくさんあります。

また、もし自分が知らず知らずのうちに論理的に誤った発言をしてしまうと、周囲の人から残念な評価を受けてしまうでしょう。

エセロジックを見抜き、自分も誤った推論をしてしまわないために知っておきたいのが、この節で紹介する「**対偶**」です。

数学では「P⇒（ならば）Q」という命題に対して、「逆・裏・対偶」と呼ばれる命題が次のように定義されています。

《命題の逆・裏・対偶》

逆　：⇒の前後を反対にする
裏　：⇒の前後は変えずに、それぞれの否定を作る
対偶：⇒の前後を反対にし、かつ、それぞれの否定を作る

以上の定義を図にしてみます。なお図中の$\overline{P}$、$\overline{Q}$はそれぞれ「Pの否定」「Qの否定」を表します。

例）命題「nが6の倍数⇒nは3の倍数」について、逆、裏、対偶は次のようになります。

逆　：「nが3の倍数⇒nは6の倍数」
裏　：「nが6の倍数でない⇒nは3の倍数でない」
対偶：「nが3の倍数でない⇒nは6の倍数でない」

ここで重要なのは、**対偶はもとの命題と真偽が一致する**という点です！
　一方、逆や裏はもとの命題と真偽が一致するとは限りません（一致するケースも一致しないケースもあり得ま

す)。

冒頭の例であげた「味が良い⇒繁盛」に対して「繁盛⇒味が良い」は「逆」なので必ずしも正しいとは限りません。

「味が良い⇒繁盛」が正しいとき、必ず正しいのは、その「対偶」である「繁盛していない⇒味が良くない」です。

では、ある命題とその対偶の真偽は、なぜ一致するのでしょうか？ 次にその理由を説明します。

《ある命題とその対偶の真偽が一致する理由》

一方が他方に完全に含まれているとき、「小⇒大は必ず真」でしたね（130頁）。

この事実を使います。

先ほどの例で考えてみましょう。

3の倍数は $\{3, \mathbf{6}, 9, \mathbf{12}, 15, \mathbf{18}, 21, \cdots\}$

6の倍数は $\{\mathbf{6}, \mathbf{12}, \mathbf{18}, \cdots\}$

ですから、6の倍数は3の倍数に完全に含まれます。図にするとこうです。

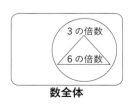

数全体

「6の倍数」の方が「3の倍数」より小さいので、「nが6の倍数⇒nは3の倍数」は「小⇒大」になっています。

よって、この命題は真です。

では、「3 の倍数以外」と「6 の倍数以外」の関係はどうでしょうか？

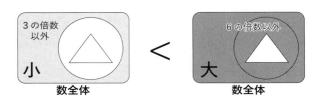

今度は「3 の倍数以外」の方が「6 の倍数以外」よりも小さいですね。

よって、「n が 3 の倍数以外 ⇒ n が 6 の倍数以外」は「小⇒大」になっていて、やはり真です。

もとの命題が「小⇒大」になっていて真のとき、必ずその対偶も「小⇒大」となり真です。逆に、もとの命題が「大⇒小」になっていて偽のときは、その対偶も「大⇒小」となり偽になります。

以上が、ある命題とその対偶の真偽が一致する理由です。

解答　（ウ）

解説

「雨⇒機嫌が悪い」に対して、

（ア）機嫌が悪い⇒雨である…逆

（イ）雨でない⇒機嫌が悪くない…裏

（ウ）機嫌が悪くない⇒雨でない…対偶

です。「雨⇒機嫌が悪い」が正しいとすると、その対偶も正しいので、必ず正しいと言えるのは（**ウ**）です。

背理法——不可能を証明する方法

> **【問題22】**
> 以下の命題を、背理法を用いて証明しなさい。
> 「完璧な市場予測は不可能である」

古代ギリシャの**アリストテレス**（紀元前384-紀元前322）は「重い物体は軽い物体よりも速く落下する」と考えました。

この説は長く信じられていましたが、**ガリレオ・ガリレイ**（1564-1642）はある思考実験をもとに、この説に疑問をもちました。

ガリレオの思考実験はこうです。

もし、アリストテレスの説が正しいとすると、重い物体と軽い物体を糸で繋いで落とした場合、軽い物体は遅く落ちるので、重い物体は軽い物体に引っ張られて、単独で落ちるときよりも落下スピードが遅くなるはずである。

一方、2つの物体を1つの塊と見なせば、全体の重さはむしろ重い物体1つのときよりさらに重くなっているので、落下スピードはより速くなるはず。

これは明らかな矛盾である。

そうして、ガリレオはアリストテレスの説を否定し、自らの手で様々な実験を行うことで「物体の落下速度は（空

気抵抗がなければ）物体の重さとは無関係である」という真実を導き出しました。

ガリレオが思考実験で使った論法を「背理法」と言います。

《背理法とは》

背理法とは、証明したい結論の否定を仮定して、矛盾を導く証明法のことを言います。

このように書くと難しく感じるかもしれませんが、要は「もし○○が間違っているとすると、おかしいでしょ？ だから○○は正しい」、あるいは、「もし○○が正しいとすると、おかしいでしょ？ だから○○は間違っている」というロジックです。

たとえば、刑事ドラマや推理小説などでお馴染みの、アリバイによって容疑者の無罪を証明するのも、典型的な背理法です。

証明したい結論:「容疑者は無罪である」

「容疑者は有罪である」と仮定	← 結論の否定を仮定
↓	
犯行時刻に別の場所にいた(アリバイがある)ことと矛盾する	← 矛盾が導かれた
↓	
よって容疑者は無罪	

容疑者（や弁護士）は「無罪である」を証明したいの

で、これを否定して「有罪である」と仮定します。すると アリバイがある（犯行時刻に別の場所にいる）ことと矛盾するので、無罪であることが証明できるというわけです。

《背理法が活躍するケース》

背理法は非常に強力な証明法であり、数学の歴史上でも様々な重要な定理が背理法によって証明されてきました。

特に背理法が活躍するのは、次の3つのケースです。

・**不可能であることを示す証明**
・**存在しないことを示す証明**
・**無数に存在することを示す証明**

可能であることを示すのは実際にやってみせれば良いので簡単です。しかし不可能であることを示すのは容易ではありません。いろいろな方法を試してできなかったとしても、別の方法ならできるかもしれないからです。本当に不可能なのか、単に能力や努力が不足しているだけなのかを判断するのは困難です。

また、あるものが存在しないことを示すのも難しいです。たとえば、砂浜でダイヤモンドを探すことを想像してみてください。いくら探してもダイヤモンドが見つからないからといって、その砂浜にダイヤモンドがないと断定するのは憚られるでしょう。

逆に、あるものが無数にあることを示すのも厄介です。

仮に砂浜から大量のダイヤモンドが見つかったとしても、ダイヤモンドが無数にある（数限りなく存在する）ことの証明にはなりません。

こうした、正攻法では難しい命題の証明に背理法は活躍します。

先ほどのアリバイによる証明も「無罪＝犯行が不可能」の証明でした。

解答例

「完璧な市場予測は可能である」と仮定する。

すると、投資家は市場動向を正確に予測できることになり、すべての投資家が最大の利益を得るために同じ行動をとるだろう。

たとえば、全員が特定の株を買うとしよう。すると市場は、予測通りに動く前に、調整されてしまう。つまり、当初の予測を裏切る動きをすることになる。これは「完璧な予測」と矛盾する。

よって、完璧な市場予測は不可能である。

（証明終わり）

解説

「不可能である」という結論を証明したいので、これを否定して「完璧な市場予測は可能である」と仮定します。

そうするとどのような矛盾が生じるかを考えましょう。

第 **6** 章

掛け算的に発想する

> ### ねらい
>
> 数学的に考えることができる人は、計算においても漫然と数字を足したり掛けたりしません。その数字の意味を考えます。
>
> すると、足し算と**掛け算**では数字の意味の拡がりが違うことに気付きます。
>
> また、数学では2次元→3次元→4次元→……と次元を増やして議論することがよくありますが、1つ次元が増えることでどれだけ世界が拡がるかもよく知っています。
>
> **こうした「拡がり」をビジネスにおいても応用しましょう**、というのがこの章の狙いです。

マトリックスの作り方

【問題23】
　ある家電メーカーが以下の4つの製品ラインをもっています。
(1) スマート冷蔵庫
(2) ロボット掃除機
(3) 伝統的なオーブン
(4) スマートスピーカー
　市場成長率と市場占有率の観点から、それぞれに適した投資戦略を次の（ア）～（エ）から1つずつ選びなさい。
(ア) 積極的に投資を行う
(イ) 新たな投資は控える
(ウ) 追加投資やマーケティング戦略を検討する
(エ) 事業の縮小・撤退を検討する

あなたは「掛け算」と聞いて、何を連想しますか？「底辺×高さ」とか「速度×時間」とか「平均×人数」などを思い浮かべる人が多いのではないでしょうか？
　いずれにしても掛け算というのは「底辺」と「高さ」のように**異なる意味をもつ数字どうしでも行える計算**です。そして掛け算をした結果には、

底辺×高さ＝面積
速度×時間＝移動距離

平均 × 人数 ＝ 合計の数

のように、面積だったり、移動距離だったり、合計の数だったりといった**新しい意味の値**が生まれます。
　一方、足し算はどうでしょうか？　足し算は「個数＋個数」や「時間＋時間」のように同じ意味をもつ数字どうしでなければ行えません。もちろん、その結果として生まれるものも、

　　個数 ＋ 個数 ＝ 個数
　　時間 ＋ 時間 ＝ 時間

のように、足し合わせた２つの数と同じ意味の値です。足し算の結果は新しい意味をもちません。

《アイゼンハワー・マトリックス》
　情報を掛け算的に組み合わせることで新しい発想を生み出すツールとして、第34代アメリカ大統領の**ドワイト・アイゼンハワー（1890-1969）**が使った「**アイゼンハワー・マトリックス**」を紹介させてください。

アイゼンハワー・マトリックス

	低い	高い
緊急度 高い	緊急だが重要ではない Cタスク	緊急で重要 Aタスク
緊急度 低い	緊急でも重要でもない Dタスク	重要だが緊急ではない Bタスク

重要度

アイゼンハワーは山積(さんせき)する仕事に優先順位を付けるため、**横軸に「重要度」、縦軸に「緊急度」**をとり、それぞれの仕事がどのカテゴリーに入るかを考えていきました（図参照）。そうすると仕事は次の4つに分類されます。

Aタスク：すぐに処理する
Bタスク：個人的にじっくり行う
Cタスク：人に任せる
Dタスク：捨てる

重要度と緊急度を掛け合わせると「仕事の優先順位」という新しい意味が生まれます。
いわば、

重要度×緊急度＝優先順位

というわけです。

このように横軸と縦軸に異なる概念のものさしを用意して情報を整理するツールは「**マトリックス**」(行列)と呼ばれ、フレームワーク思考術の書籍や教材などではよく紹介されています。

　マトリックスは、**掛け算的な整理によって新しい発想が生まれる**好例です。

　ちなみに、アイゼンハワーは自身が編み出した「アイゼンハワー・マトリックス」を引き合いに出して、「**大事なことが緊急であることはほとんどなく、緊急なことが大事であることはほとんどない**」と言っていたそうです。

■解答例　(1)…(ア)　(2)…(ウ)　(3)…(イ)
　　　　　(4)…(エ)

解説

　この問題はBCGマトリックス(Boston Consulting Group Matrix)と呼ばれるマトリックスを使って考えてみましょう。

　このマトリックスは1970年代に、アメリカに本社を置くコンサルティング会社「ボストン・コンサルティング・グループ」が、経営者の**合理的かつ効率的な投資戦略検討**のために考案しました。

　縦軸に市場占有率、横軸に市場成長率をとって整理します。

第Ⅱ部　第6章　掛け算的に発想する

　上の図のように名前が付けられている各カテゴリーに分類することで、投資戦略が見えてきます。
　ここでは、

市場占有率×市場成長率＝投資戦略

というわけです。

・星（Star）：市場でのリーダーシップを強化する事業拡大が可能なため、**積極的に投資する。**
　→スマート冷蔵庫
・問題児（Question Mark）：成長市場におけるシェアが低いため、**追加の投資やマーケティング戦略を強化する。**
　→ロボット掃除機
・牛（Cash Cow）：成長が鈍化している市場で強固なポジションをもつので現状維持で良しとし、**新たな投資**

147

は控える。
　→伝統的なオーブン
- **犬（Dog）**：市場の成長は期待できず、占有率も低いことから、**事業の縮小や撤退を検討する。**
　→スマートスピーカー

　なお、どの製品をどのカテゴリーに分類するかは、企業の立場や市場の状況によって随時変わるので、上の解答はあくまで「解答例」の1つと考えてください。

次元を増やして
イノベーションを生む

【問題 24】
 スポーツジムの経営戦略を考えています。最初、「客単価を下げたカジュアルなジム」にするか「客単価を上げた高級なジム」にするかで議論が分かれましたが、マーケティングの結果、どちらも大差がないことがわかりました。そこでさらなる売上増が狙える策を議論したところ、2つの案が出ました。次の（ア）案、（イ）案のうち、より大きな可能性を秘めているのはどちらでしょうか？
（ア）案…ウェブページと連動した広告を打つ
（イ）案…ジム内にヘルシーカフェを設置

 前節では、異なる指標を掛け算的に組み合わせて「新しい意味」を作り出すマトリックスを紹介しました。
 本節では、もっと斬新な発想、誰も思いつきそうもない新機軸を打ち出すための、数学的な発想法を考えてみたいと思います。キーワードは「**次元**」です。

《次元とは》

 次元は英語で "dimension" と言います。画面から映像が立体的に飛び出してくるように見える「3D映画」のDは "dimension" の頭文字です。
 では、「次元」とはそもそもどういう意味でしょうか？

次元は「**自由度**」と読み替えると理解しやすいと思います。

「1次元の世界」というのは「1つの自由度をもつ世界」のことです。たとえば数直線上の点Pは、「3」と値を1つ決めると、その場所が決まります。値を1つ決めると点の場所が決まるということは自由度が1つしかないということなので、**数直線は1次元です**。

【1次元】

同様に考えると「2次元の世界」は「2つの自由度をもつ世界」ということになります。

横軸に x 軸、縦軸に y 軸をもつ平面座標系上の点Pは、x 座標（あるいは y 座標）を「3」と決めても場所が1つには決まりません。平面座標系上の点は (3,4) のように x 座標と y 座標の2つを定めることで初めて場所が定まります。

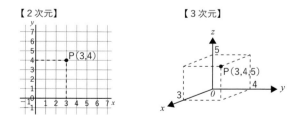

2つの値を決めないと場所が定まらないということは、2つの自由度があるということです。すなわち**平面座標**

系は2次元です。

同じく「3次元の世界」は「3つの自由度をもつ世界」です。x軸、y軸、z軸をもつ立体座標系上の点Pは、(3,4,5)のように、3つの値を決めないと場所が決まりませんから、**立体座標系は3次元**ということになります。

もう少し平たく言えば、「前後」の自由度しかない**直線は1次元**、「前後」と「左右」の自由度をもつ**平面は2次元**、「前後」「左右」に加え「上下」の自由度ももつ**空間は3次元**です。

《ビッグバンと虚時間——次元に秘められた可能性》

次元についての理解は、**斬新なイノベーションを起こすための発想法**に応用できます。

話は飛びますが、宇宙の始まりにあったとされるビッグバン（極めて高密度・高温度の火の玉状態）は、宇宙誕生のわずか$\frac{1}{10^{34}}$秒後に生まれました。$\frac{1}{10^{34}}$秒は1秒の10京分の1をさらに10京分の1にした、とてつもなく短い時間です（1京は1兆の1万倍）。

そんな瞬きよりもはるかに短い時間で、現在も続く宇宙の膨張に必要なエネルギーが用意されたなんて、信じられますか？

時間は、過去から現在、そして未来へと直線的に流れるため1次元と考えられます。しかし、もし時間が2次元だとしたらどうでしょう？　私たちが認知する1次元ではあっという間のことだったとしても、2次元では、十分な時間がとれる可能性があるのです（次頁の図参照）。

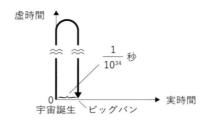

　イギリスの物理学者**スティーブン・ホーキング**（1942－2018）は、このようなことを考えて、私たちがふだん使っている時間（実時間）とは別に「虚時間」というものを提唱しました。

　虚時間が本当に存在するかどうかはわかりません。

　でもここでは、実際どうかということより、1次元のものを2次元に拡張することによって、つまり**次元を増やすことによって、途方もない可能性が生じる**ところに注目していただきたいと思います。

《新しい方向に次元を増やす》

　前節で「掛け算的な整理によって新しい発想が生まれる」と書きましたが、掛け算で考えても、新しい可能性が見出せないときもあるでしょう。

　そんなときは、既存の方向性とはまったく別の「新しい方向」を探してみてください。「前後」と「左右」しか考えられていないところに「上下」という新しい次元を追加するのです。それが、既存のコンセプトとはまったく違う「新機軸」に繋がります。

　たとえば、近年よく見るようになった「ブックカフェ」

第Ⅱ部　第6章　掛け算的に発想する

も、従来の書店がもっていた「売上高」や「在庫回転率」といった次元に「滞在時間」という新たな次元を追加したことで成功した例だと言えます。

カフェでの滞在中に本との偶然の出会いが増え、読書会や出版イベントなどの開催も容易になりました。ブックカフェは「本を買う」という行為を「体験」へと昇華させたと言えるでしょう。

解答　（イ）案

解説

当初の議論における「客単価を下げたカジュアルなジム」と「客単価を上げた高級なジム」は、「客単価」と「会員数」という2つの次元で語られたものです。

（ア）案の「ウェブページと連動した広告を打つ」の目的も「会員数」を増やすことですから、既存の枠組みの中での改善策です。大きな効果が期待できる「新機軸」とは言えません。

一方、（イ）案の「ジム内にヘルシーカフェを設置」は、「食事」という、「客単価」とも「会員数」とも違う新機軸です。

これにより、健康的な食事に興味のある新規顧客の獲得が見込めますし、そういった顧客向けの料理教室なども可能でしょう。

「食事」という新しい次元が増えることになりますので、売上増の可能性も飛躍的に高まると言えます。

第 7 章

ゲーム理論を知る

ねらい

本章では「**ゲーム理論**」を取り上げます。

ゲーム理論は、利害関係者間の相互作用や、利益最大化のための行動パターンを分析し、合理的かつ戦略的な意思決定をサポートしてくれます。

ゲーム理論には様々な考え方がありますが、ここでは特に「**囚人のジレンマ**」と「**交互進行ゲーム**」を取り上げて解説します。

第Ⅱ部　第7章　ゲーム理論を知る

囚人のジレンマ

> **【問題25】**
>
> 　北海道で人気の菓子店AとBは、地元でしか手に入らない限定感が魅力です。そんな両店に、大手スーパーが「うちの店舗で商品を販売しませんか？」ともちかけてきました。
>
> 　ただし、大手スーパーは現在の販売価格の20％引きで納品することを求めています。
>
> 　さて、あなたがA店のオーナーなら大手スーパーで「販売する」か「販売しない」の2択のうち、どちらを選択しますか？
>
> 　なお、それぞれの選択をした場合の利益は次のように予測されています。
>
> ・両方の店が販売しなければ、現状維持
> ・片方が販売し、片方が販売しない場合、販売した方は利益が20％アップ、販売しない方は利益が30％ダウン
> ・両方の店が販売すれば、ともに10％ダウン（スーパーで売ることで販売数は伸びるものの、納入価格が割引のため）

　世の中には、会社の飲み会、接待、年賀状、義理チョコのように、多くの人が煩わしく感じていながら、なかなかなくならないものがあります。

　なぜでしょうか？

その理由は、この章で紹介する**ゲーム理論**が教えてくれます。

　ゲーム理論が扱うのは、お遊びの「ゲーム」だけではありません。個人どうしはもちろん、企業間や国家間も含めて、戦略が必要な利害関係のほぼすべてに応用できます。ゲーム理論は強力で有効な理論なので、今では欧米のMBA取得に必須とされ、日本でも多くのビジネスパーソンが学び、仕事に活用しています。

《合理的な選択が最良の選択にならないケース》

　まずは、ゲーム理論の中で最も有名な「**囚人のジレンマ**」を紹介しましょう。

　重大な事件への関与が疑われている囚人Ａと囚人Ｂがいます。2人は別件の軽微な罪で逮捕され、現在取り調べを受けている最中です。検察としては、物的証拠に乏(とぼ)しいので、なんとしても自白をとりたいと思っていますが、両人ともなかなか口を割りません。そこで検察は、彼らと次のような「司法取引」を行いました。

1．相手が黙秘(もくひ)し、お前が自白したら、お前は釈放
2．相手が自白し、お前が黙秘したら、お前は懲役(ちょうえき)10年
3．2人とも黙秘すれば、2人とも懲役1年（微罪による刑罰になるため）
4．2人とも自白すれば、2人とも懲役5年

　なおＡ、Ｂは隔離され、お互いに取り調べ中の相棒の言動を知ることはできません。

囚人A＼囚人B	黙秘		自白	
黙秘	A：1年	B：1年	A：10年	B：0年
自白	A：0年	B：10年	A：5年	B：5年

司法取引の内容を表にすると、上のようになります（このような表を**利得表**と言います）。

まず、**囚人Aの立場**に立って考えてみましょう。

Bが黙秘をしようとする場合、Aは自白した方が「得」です（釈放される）。逆に、Bが自白する場合も、Aは自白した方が「得」です（さもないと、自分だけ懲役10年になってしまう）。

すなわち、いずれの場合も自白した方が「得」ですので、合理的に判断すると、**Aは自白を選択すべきである**ことがわかります。

Bについても同様に考えられますから、結局、**2人とも自白**するはずです。

囚人Bの合理的選択 ↓

囚人A＼囚人B	黙秘		自白	
黙秘	A：1年	B：1年	A：10年	B：0年
	ベター			
囚人Aの合理的選択 → 自白	A：0年	B：10年	A：5年	B：5年
			合理的選択	

ところで、2人とも黙秘をした場合はどうでしょうか？　この場合は2人とも懲役1年です。

なんと、**お互いに合理的な選択をした場合よりも**、と

もに別の選択をした方が、両者にとってより良い（ベターな）状態になります。これが囚人のジレンマです。

《囚人のジレンマの応用例》

「囚人のジレンマ」を一般化しておきましょう。囚人のジレンマが生じるのは、相手が協力する（黙秘する）場合も、協力しない（自白する）場合も、自分は協力しない方が得になる利害関係があるときです。

このような例は、値下げ合戦、秩序問題、環境問題、……などたくさんあります。囚人のジレンマは、「個々人が合理的な判断に基づいて行動すれば、社会全体はうまくいくはず」という社会通念を覆すものです。これは経済学や社会学、哲学などに非常に大きな影響を与えました。

解答 販売する

解説

大手スーパーで「販売する」と「販売しない」について、B店の選択に応じてA店はどうするべきかを考えてみましょう。

（ⅰ）B店が「販売しない」場合
　　A店も「販売しない」ときは、現状維持（±0）
　　A店は「販売する」ときは、A店は＋20％
　⇒A店は「販売する」を選ぶべき

(ⅱ) B店が「販売する」場合
　　A店も「販売する」ときは、−10%
　　A店は「販売しない」ときは、−30%
　⇒A店は「販売する」を選ぶべき

以上より、B店の選択によらず**A店は「販売する」を選択すべき**です。

B店の合理的選択 ↓

A店＼B店	販売しない	販売する
販売しない	A：±0　B：±0　**ベター**	A：−30%　B：+20%
A店の合理的選択 → 販売する	A：+20%　B：−30%	A：−10%　B：−10%　**合理的選択**

事情はB店も同じなので、合理的判断をすれば、A店もB店も「販売する」を選択することになり、結局はどちらの店も大手スーパーで販売することになるでしょう。

しかし、本当はともに「販売しない」を選択した方が「ベター」です。典型的な囚人のジレンマに陥っています。

囚人のジレンマに陥ってしまうと、どうあっても「ベター」な選択をすることはできなくなってしまうのでしょうか？

実は、囚人のジレンマは解消することができます。これについては、次節で解説します。

囚人のジレンマを解消するには

【問題26】
　競合する販売店どうしが値下げ合戦に陥ってしまうのは「囚人のジレンマ」です。
　これを解消するにはどうしたら良いでしょうか？

　囚人のジレンマの解消法について解説する前に、ゲーム理論の成り立ちをご紹介しましょう。

《ゲーム理論の成り立ち》

　ゲーム理論とは、「**複数のプレイヤーが選択するそれぞれの戦略が、当事者や当事者の関係者にどのように影響するかを分析する理論**」のことを言います。平たく言えば、2人以上のプレイヤーが利害関係にあるとき、どのような結果が生じるかを示し、どのように意思決定するべきかを教えてくれる理論です。
「プレイヤー」は国家である場合も、企業や組織である場合も、個人である場合もあります。
　ゲーム理論を最初に提唱したのは、**ジョン・フォン・ノイマン（1903-1957）**というハンガリー生まれの数学者です。
　ノイマンは、かのアインシュタインが「世界一の天才」と評したほどの大天才で、その研究は数学だけでなく、物理学、計算機科学、経済学、気象学、心理学、政治学と非常に多岐にわたりました。

現代のコンピュータを「ノイマン型コンピュータ」と言うことがあるのは、彼がその動作原理を考案したからです。

ゲーム理論は、ノイマンと経済学者の**オスカー・モルゲンシュテルン**（1902-1977）が著した『ゲームの理論と経済行動』という大著（東京図書版の邦訳は5分冊）によって初めて体系化されました。この書物には「20世紀前半における最大の功績の1つ」「ケインズの一般理論以来、最も重要な経済学の業績」などの賛辞が寄せられ、当時大変な評判になったそうです。

1994年には初期のゲーム理論の研究に貢献した**ジョン・ナッシュ**（1928-2015）、**ラインハルト・ゼルテン**（1930-2016）、**ジョン・ハーサニ**（1920-2000）の3人にノーベル経済学賞が授与されたことで、ゲーム理論はその地位を確実なものにしました。

ちなみに、ナッシュは映画『ビューティフル・マインド』（2002年日本公開）のモデルになった数学者です。

ゲーム理論は、誕生からわずか100年足らずの歴史の浅い理論であるにもかかわらず、今日では経済学、経営学、政治学、社会学、情報科学、生物学、応用数学など、非常に多くの分野で活用されています。

《「非協力」の場合の罰則を設ける》

囚人のジレンマを解消するポイントは「**事前に協定を結ぶ**」ことです。

囚人Aか囚人Bが逮捕前に「もし自白したら、ただじゃおかないからな」と相手を脅して（協定を結んで）お

けば、2人が黙秘を続け、より良い結果を手に入れる可能性がぐっと高まります。

一般化してみましょう。

以下のように考えます。

AとBにはそれぞれ「協力」と「非協力」の選択肢が与えられています。

互いに協力すれば秩序が守られるなどの利益があることはわかっていますが、相手が協力し自分が非協力の場合は、自分に大きな利益が転がり込む状況です。

自分にとって最良なのは、自分だけが利益を享受することであり、最悪なのは、相手だけが利益を享受することだと考えます（ゲーム理論では、プレイヤーは利己的でかつ合理的であるというのが前提です）。

このような場合、AもBも非協力のケースは、どちらにとっても最悪よりはマシと言えます（秩序は乱れるものの、相手だけの利益享受は避けられる）。

また、AもBも協力のケースは、自分だけの利益享受にはなりませんが、秩序は守られるので、最良の次に良い状態と言えます。

【協定なし】

合理的選択 →

↓ 合理的選択

A \ B	協力		非協力	
協力	A：○	B：○	A：×	B：◎
	ベター			
非協力	A：◎	B：×	A：△	B：△
			合理的選択	

以上を利得表にまとめると左頁のようになります。
表の中の記号はそれぞれ

◎：最良　　　　　　　　○：良
△：悪（最悪よりはマシ）　×：最悪

を表します。
　お互いに合理的な選択をした場合の結果が「悪」になり、ともに別の選択をした方が、両者にとってより良い状態になるので「囚人のジレンマ」です。
　ではここで、

非協力の場合の罰則＞非協力の場合の利益

となるような罰則を設ける協定を結んでみましょう。
Aにとっての合理的選択はどうなるでしょうか？

(ⅰ) Bが「協力」の場合
⇒Aも協力の方が良い（非協力を選択すると、Aだけ利益を上回る罰則を受けてしまう）

(ⅱ) Bが「非協力」の場合
⇒Aは協力の方が良い（Bだけに罰則を与えることができる）

　どちらの場合も「**協力**」**が合理的選択**（Bも同じ）です。

協定によって、利益を享受することよりも、罰則を受けないことの方が重要になるので、**合理的判断の結果が最良の状態（罰則を受けず、秩序も守られる）になります。**

利得表も次のように変わります。

【協定あり】

合理的選択 ↓

A＼B	協力		非協力	
協力	最良 A：◎	B：◎ 合理的選択の結果	A：○	B：△
非協力	A：△	B：○	A：×	B：×

合理的選択 →

| 解答 | 値下げをすると罰則を受ける協定を結ぶ |

解説

世の中の小売店はどこも値下げ合戦に頭を悩ませていると思いますが、値下げ問題とは無縁の商品もあります。たとえば、書籍がそうです。

書籍はふつう、どこの書店でも定価（高値）で売られていますね。これは、書籍に関しては「再販売価格維持」という、メーカーが小売業者に対して商品の小売価格の変更を許さずに定価で販売させる行為、いわゆる「再販行為」が特別に許されているからです。他にも、雑誌、新聞、音楽ソフトも著作物として再販行為が許されていま

す。

一方、書店は再販行為を受け入れることで、売れ残りの商品を返品するという契約を結びます。このメリットを失うことは、書店にとって極めて大きな損失です。

その結果、契約は守られ、書籍はどこでも定価（高値）で売られています。

「秩序問題」や「環境問題」についても、**ルールを遵守する（協力する）側が、ルールを無視する（協力しない）側に報復を与える罰則を設けることで、合理的な選択の結果をより良い結果と一致させることができます。**

ただし、国家間の争いの場合には、有効な罰則を設けることが難しいことがあります。2017年にアメリカがパリ協定から一時的に脱退（2021年に復帰）したのもその一例でしょう。

また地域のゴミ問題などでは、非協力的行為（不当行為）に対する監視コストがかかりすぎるため、協定が（あったとしても）機能しない場合もあり、なかなか一筋縄ではいかないのが、「囚人のジレンマ」の厄介なところです。

交互進行ゲーム

> **【問題 27】**
>
> 　A社とB社はともに総合家電メーカーです。現在A社は白物家電を、B社は音響製品をそれぞれ主要な商品として生産しています。利益拡大を狙うA社は、このほど新しく音響関連の市場に打って出ることを検討し始めました。
>
> 　もしA社が音響関連市場に参入してきた場合、B社に与えられる選択肢は「融和」と「徹底抗戦」の2つです。
>
> 　B社が「融和」を選択すれば、B社はシェアをいくらか奪われて年間30億円の損失、A社は逆に30億円の利益増が見込まれます。
>
> 　一方、B社が「徹底抗戦」を選択すれば、熾烈な価格競争が起こり、両社はともに50億円の損失になるという試算が立っているとしましょう。
>
> 　A社は音響関連市場に参入すべきかどうかをゲーム理論で考えなさい。

　ここまで紹介してきた「囚人のジレンマ」は、自分と相手が同時に（お互いの戦略はわからずに）戦略を選択する「ゲーム」でした。このようなゲームを**同時ゲーム**と言います。

　一方、将棋やオセロのように、交互に（お互いの戦略を知った上で）戦略を選択する場合もあります。こちら

は交互進行ゲームと言います。

《交互進行ゲームとは》

交互進行ゲームの典型例として次のようなケースを考えてみましょう。

ある街にAとBの2つの文房具店があります。**現状の年間営業利益は、A店が1,000万円、B店が500万円**です。

今、A店の店主は店の改装を検討しています。

ただし、自分の店だけが改装をした場合は改装費用を上回る収益増が見込めますが、両方の店が改装をした場合は収益増とはならずに改装費用の分だけ両店とも減益になることがわかっています。具体的には次の表の通りです。

		収益	原価	販売管理費 (改装費含む)	営業利益
A	改装	1,300	200	100＋改装費300	700
B	改装	680	100	80＋改装費150	350
A	改装	1,300＋400	200	100＋改装費300	1,100
B	現状維持	680	100	80	500
A	現状維持	1,300	200	100	1,000
B	改装	680＋200	100	80＋改装費150	550
A	現状維持	1,300	200	100	1,000
B	現状維持	680	100	80	500

(単位:万円)

改装費:A店 300万、B店 150万
A店だけ改装した場合のA店の収益増:400万
B店だけ改装した場合のB店の収益増:200万
原価:A店 200万、B店 100万
販売管理費:A店 100万、B店 80万
※収益が増えても原価、販売管理費は変わらないものとする

さて、A店は改装をすべきでしょうか？

実はこのケース、同時ゲームのときのような表（利得表）を作って考えようとすると、両者の合理的選択の結果が1つに定まりません（余力のある方は是非、やってみてください）。

そこで次のように、考えられるすべてのケースを時系列に沿って（起こる順に）書いていきます。そして、最後にそれぞれのプレイヤーの利得を書きます。

これを**ゲームの木**と言います（以下、「利益」は「営業利益」を指さすものとします）。

【ゲームの木】

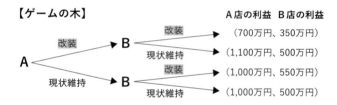

次に、**後手**（ごて）**の立場から「実際に起こり得る結果」を考えていきます**（上のケースではB店が後手）。

A店が改装した場合、**B店は現状維持の方が合理的**です（利益が350万円→500万円）。

一方、A店が現状維持の場合、**B店は改装すべき**です（利益が500万円→550万円）。

ゲーム理論ではプレイヤーは合理的であるという前提に立っていますので、考えられる4つのケースのうち、実際に起こり得るのは次のいずれかです。

第Ⅱ部 第7章 ゲーム理論を知る

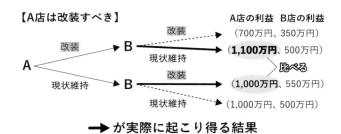

「実際に起こり得る結果」を見ると、A店が改装した場合のA店の利益は「1,100万円」、A店が現状維持の場合のA店の利益は「1,000万円」ですから、**A店は改装した方が良い**ことがわかります。

《バックワードインダクション》

交互進行ゲームを先手が攻略するポイントは、まず後手の立場で考えて、起こり得る結果を限定し、次にその結果を比べて先手がとるべき戦略を定めることです。いわゆる「先読み」ですが、ゲーム理論ではこのように考える思考法を**バックワードインダクション**(backward induction)と言います。

ある利害関係が交互進行ゲームになっていることを見抜いたら、バックワードインダクションによって戦略を考えるのが定石です。

解答　A社は参入すべき

解説

交互進行ゲームなので「ゲームの木」を作ります。

【A社は参入すべき】

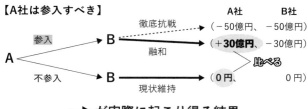

➡ **が実際に起こり得る結果**

これをもとにバックワードインダクションで考えると（先にB社の立場に立って考えると）、A社が参入してきた場合は、徹底抗戦よりは融和の方がまし（−50億円→−30億円）ですね。また、A社が不参入の場合は現状維持で、A社もB社も利益に増減はありません。

これにより実際に起こり得る結果は、

「A参入＆B融和」or「A不参入＆B現状維持」

のいずれかです。

今度はA社の立場に立ってこの2つを比べると、**A社は参入した方が得（0円→＋30億円）**であることがわかります。よって、A社は参入すべきです。

でも、これではB社だけが「やられ損」な感じがしま

すね。B社がA社の参入をふせぐ術はないのでしょうか？

B社がA社の参入をふせぐには、あらかじめ「新規参入の企業に対しては『徹底抗戦』で挑む」と宣言しておけば良いのです。

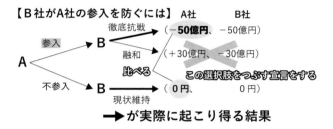

そうすれば、ゲームの木は上の図のようになり、A社は不参入の方が得（-50億円→0円）だということになり、参入をふせぐことができるでしょう。

実際、冷戦状態にあった米ソがいわゆる「キューバ危機」を回避できたのは、アメリカがB社と同じような戦略をとったからでした。

1962年、旧ソ連がキューバにミサイル基地を建設し、「いつでも攻撃をしかける用意があるぞ」という態度を示したとき、時のアメリカ大統領ケネディは「全面核戦争もやむなし」と徹底抗戦の構えを見せました。攻撃に甘んじるという選択肢をつぶしたわけです。

もちろん実際の交渉は熾烈を極め、これほど単純ではなかったと思いますが、キューバ危機における交渉の基本構造は、この問題とほぼ同じであると言えそうです。

第 Ⅲ 部

第 8 章

確率を正しく理解する

ねらい

　この章では、起こり得るすべてを数え上げる「**場合の数**」と未来を見積もる「**確率**」について学びます。

　ものの数を正確に把握する能力は、単なる計算技術ではなく、高度な知性の表れです。多様な要素を識別(しきべつ)し、分類し、そして数え上げるプロセスは、複雑な現実を理解し構造化する力を示します。この能力は、堅実(けんじつ)な意思決定の基盤となります。

　また、悲観的になりすぎることも楽観的になりすぎることもなく、合理的に期待できる値である「**期待値**」についても取り上げます。期待値を活用すれば、リスクとチャンスを定量的に評価し、最善の戦略を選択できるようになるでしょう。

知性的に数える（1）　順列

【問題28】
　あるプロジェクトでは、タスク①〜タスク⑥の6つのタスクをすべて行う必要があります。ただし、タスク③はタスク①より後で、かつ、タスク⑤より前に行わなくてはなりません。このプロジェクトのタスクの並べ方は何通りあるか考えなさい。

　一目でいくつかがわかるような少量のものの個数を数えることは、誰にでもできます（カラスやハチにも数えられるという研究があります）。

　しかし、大量のものを数えるとなると「**知性**」が必要です。たとえばコンパの幹事として参加者からお金を集める際、多くの人は千円札を10枚ずつまとめて数えるでしょう。その方が効率的で確実だからです。

　さらに、実際に目の前にあるものの個数だけではなく、考えられるすべてのケースを数え上げる必要があるときは、「見えない物を見極める」という難しさが加わります。あらゆる可能性を列挙し、過不足なく注意深く数えるためには、経験に裏打ちされたパターン認識と概念や関係性を捉える抽象的思考力などの高い知力が必要です。

　数学では、可能な場合をすべて考慮して、それが何通りあるかを調べることを、**場合の数を求める**と言います。

　中高大の入学試験はもちろん、入社試験や公務員試験でも場合の数を求める問題が頻出なのは、それが受験生

の知性を推し量るのに最適だからでしょう。

《場合の数の4つの数え方》

ものの個数を数えるときの基本は、次の2点に注意することです。

・順序を考えるかどうか
・重複を許すかどうか

それぞれに「考える」「考えない」、「許す」「許さない」の2パターンずつありますので、2×2で計4つの数え方があるわけです。

順序を考えるものを「**順列**」、順序を考えないものを「**組合せ**」と言います。また、重複を許す場合はそれぞれの言葉の先頭に「重複〜」が付きます。

A、B、Cの3人から2人を選ぶ場合について、それぞれの具体例を考えてみましょう。

・**順列**（順序を考える&重複を許さない）
→A、B、Cの3人から班長と副班長を選ぶ
・**組合せ**（順序を考えない&重複を許さない）
→A、B、Cの3人からコンビニにいく2人を選ぶ
・**重複順列**（順序を考える&重複を許す）
→A、B、Cの3人から社長賞と部長賞をもらう2人を選ぶ
・**重複組合せ**（順序を考えない&重複を許す）
→A、B、Cの3人から2本の缶コーヒーを飲む人を選

ぶ

それぞれ何通りになるかを表にまとめました。

	順序を考える	順序を考えない
重複を許さない	**順列** ~~AA~~ AB AC BA ~~BB~~ BC CA CB ~~CC~~ 6 (通り)	**組合せ** ~~AA~~ AB AC ~~BA~~ ~~BB~~ BC ~~CA~~ ~~CB~~ CC 3 (通り)
重複を許す	**重複順列** AA AB AC BA BB BC CA CB CC 9 (通り)	**重複組合せ** AA AB AC ~~BA~~ BB BC ~~CA~~ ~~CB~~ CC 6 (通り)

この節では「順列」について、次の節で「組合せ」について、それぞれ解説していきます。

《順列の数の求め方》

たとえば、5個の数字1、2、3、4、5から（重複を許さずに）3個の数字をとって並べるとき、3桁の数はいくつできるでしょうか？

ここでは百の位から順に数字を決めることにします。
・百の位：1～5のどの数字でも良いから5通り
・十の位：百の位で使った数字以外の4通り
・一の位：百の位と十の位で使った数字以外の3通り

以上より、できる3桁の数の個数は、

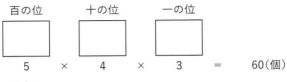

です。

言うまでもなく3桁の数において「123」と「321」は違うものなので、順序を考えています。つまり、今求めたのは「**順列**」の総数です。

数学では、**異なる n 個から重複を許さずに r 個選ぶ順列（permutation）の総数**は、英語の頭文字をとって、${}_n\mathrm{P}_r$ と表します。上の例は「異なる5個から重複を許さずに3個選ぶ順列」なので、

$$ {}_5\mathrm{P}_3 = 5 \times 4 \times 3 = 60 $$

というわけです。

機械的に考えれば ${}_5\mathrm{P}_3$ の計算は、「5」から始めて、1つずつ減らしながら「3」個の数を掛ければ良いことがわかります。

同様に、${}_n\mathrm{P}_r$ の計算は「n」から始めて、1つずつ減らしながら「r」個の数の積と考えれば良いわけです。

《階乗》

いくつか ${}_n\mathrm{P}_r$ の計算例をあげます。

$$ {}_5\mathrm{P}_2 = 5 \times 4 = 20 $$

$$_{10}P_3 = 10 \times 9 \times 8 = 720$$
$$_4P_4 = 4 \times 3 \times 2 \times 1 = 24$$

最後の $_4P_4$ は、「4×3×2×1」と、ある数字 n から始まって、1 つずつ数を減らしながら「1」まで掛ける計算になっていますが、これを **n の階乗**と言い、$n!$ と表します。

$$_4P_4 = 4 \times 3 \times 2 \times 1 = 4!$$

であり、

$$_nP_n = n \times (n-1) \times \cdots \times 3 \times 2 \times 1 = n!$$

です。

解答　120 通り

解説

①〜⑥のタスクのうち①、③、⑤の順序が決まっているので、工夫が求められます。そこで、これらを●と置き換えてみましょう。

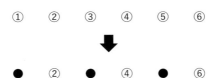

どうしてこんなことをしたのでしょうか？　それは、

●×3個と②、④、⑥を並び替えた後、3つの●に左から順に①、③、⑤を入れれば、必ず「タスク③はタスク①より後で、かつ、タスク⑤より前」というルールに従う並びができあがるからです。

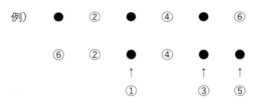

つまりこの問題は、●×3個と②、④、⑥の並び替え（順列）の総数を考えれば良いわけです。

6個から6個を選ぶ順列の総数は $_6P_6 = 6!$ 通りですが、6個中3個は同じ●なので、3つの●の並び替えの分（$_3P_3 = 3!$ 通り）はダブります。

よって、求める場合の数は、

$$\frac{_6P_6}{_3P_3} = \frac{6!}{3!} = \frac{6 \times 5 \times 4 \times 3 \times 2 \times 1}{3 \times 2 \times 1} = 6 \times 5 \times 4 = \mathbf{120}\,(\text{通り})$$

です。

知性的に数える(2)　組合せ

【問題29】
　人事部が、男性5人と女性5人の計10人の社員から5人を選んでプロジェクトチームを作ります。ただし、チームには少なくとも2人の女性が含まれる必要があります。チームの組み方は何通りありますか？

　前節では「順列」について学びましたが、日常生活やビジネスシーンにおいては、いくつかのものを順序立てて並べる（順序を考えて選ぶ）より、単に選ぶ（順序を考えずに選ぶ）ことの方が多いのではないでしょうか？

　たとえば出張の場合、スーツやネクタイなどの衣服、充電器やケーブルなどのガジェット、道中に読みたい本など、いろいろなものを選ぶわけですが、それぞれのアイテムを複数選ぶ際に、選ぶ順序は重要ではありません。

　ですからきっと、場合の数の総数を求める問題は「組合せ」の方が身近に感じられると思います。

《組合せの数の求め方》

　例としてA～Eの5文字から3文字を選ぶ「**組合せ**」を考えます。組合せは**順序を考えません**。同じ3文字を選んでも、その順番が異なるだけなら、それは同じ組合せと見なします。たとえば、「ABC」と「BCA」は、順列としては別物ですが、組合せとしては同じです。

ここでA～Eの5文字から3文字を選ぶ「順列」と「組合せ」を比較してみます。

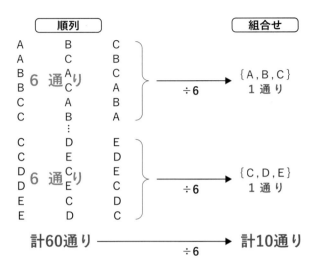

たとえばA,B,Cの3つを並べる順列の総数は上の図のように $_3P_3 = 3 \times 2 \times 1 = 3! = 6$ 通りですが、それらは組合せとしては $\{A,B,C\}$ の1通りになります。他の3文字を選んだ場合も同様なので、

$$組合せの総数 = \frac{順列の総数}{3!}$$

と考えられそうです。

このように、組合せの総数は順列から重複する並びを取り除くことで計算できます。

一般に、異なる n 個から重複を許さずに r 個選ぶ組合

せ（combination）の総数は、英語の頭文字をとって $_nC_r$ と表します。

5個から3個を選ぶ順列は $_5P_3$（$=5\times 4\times 3=60$）通りでしたから、5個から3個を選ぶ組合せの総数 $_5C_3$ は以下のように計算できます。

$$_5C_3 = \frac{_5P_3}{3!} = \frac{5\times 4\times 3}{3\times 2\times 1} = 10（通り）$$

一般化しておきましょう。

$$_nC_r = \frac{_nP_r}{r!}$$

解答　226通り

解説

問題文には、少なくとも2人の女性が含まれる必要があると書かれています。これをそのまま考えると、

・女性が2人含まれる場合
・女性が3人含まれる場合
・女性が4人含まれる場合
・女性が5人含まれる場合

をそれぞれ考えなくてはなりません。これは面倒なので逆を考えることにします。すなわち、

・女性が1人含まれる場合
・女性が含まれない場合

を求めて、**全体**（10人から5人を選ぶ組合せの総数）

から引くのです。

正攻法で考えるのが面倒なとき、「**全体から逆を引く**」**という発想**を数学ではよく使います。たとえば次のような図形のグレーの部分の面積を求める際にも有効です。

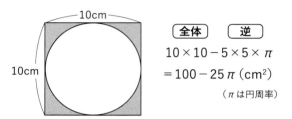

・**女性が1人含まれる場合**

男女それぞれ5人から男性は4人・女性は1人を選ぶので、以下のように計算します。

$$_5C_4 \times {_5C_1} = \frac{_5P_4}{4!} \times \frac{_5P_1}{1!} = \frac{5 \times 4 \times 3 \times 2}{4 \times 3 \times 2 \times 1} \times \frac{5}{1} = 25(通り)$$

> 注)「5人から4人を選ぶ」のと「5人から残す1人を選ぶ」のは同じことなので「$_5C_4 = {_5C_1}$」です。これを使えば、上の計算は「$_5C_4 \times {_5C_1} = {_5C_1} \times {_5C_1}$」となって楽になります。

・**女性が含まれない場合**

男性5人から全員を選ぶので、計算式はこうなります。

$$_5C_5 = \frac{_5P_5}{5!} = \frac{5 \times 4 \times 3 \times 2 \times 1}{5 \times 4 \times 3 \times 2 \times 1} = 1(通り)$$

注）計算しなくても「全員を選ぶ」場合の数が1通りなのは当たり前ですね。

・**全体**

計10人から5人を選ぶので、計算式はこうです。

$$_{10}C_5 = \frac{_{10}P_5}{5!} = \frac{10 \times 9 \times 8 \times 7 \times 6}{5 \times 4 \times 3 \times 2 \times 1} = 252（通り）$$

よって求める場合の数は

$$252 - (25 + 1) = \mathbf{226（通り）}$$

です。

確率——未来の可能性を数値化する

【問題30】

大手テクノロジー企業が新しい人工知能（AI）システムを開発しています。このシステムは3つの主要モジュールで構成されており、各モジュールの開発の成功確率は以下の通りです。
・モジュールA：成功確率80%
・モジュールB：成功確率70%
・モジュールC：成功確率60%

システム全体が成功するためには、少なくとも2つのモジュールが成功する必要があります。また、各モジュールの開発は独立して行われ、1つのモジュールが失敗しても他のモジュールの開発は継続されます。

企業は以下の2つの戦略を検討しています。

戦略①：すべてのモジュールを同時に開発する
戦略②：モジュールを1つずつ順番に開発し、2つのモジュールが成功した時点で開発を終了する（A→B→Cの順）

システム全体が成功する確率が高いのは、どちらの戦略でしょうか？

ビジネスの世界は常に変化し、不確実性に満ちています。明日何が起こるのか、どんなチャンスやリスクが待ち受けているのか、完全に予測することは不可能です。

しかし、私たちは常に意思決定を迫られ、その結果が成功に繋がるかどうかを判断しなければなりません。このような状況下で、頼りになるのが「確率」です。

確率は、未来の可能性を数値化し、客観的に評価することを可能にします。過去のデータや経験に基づき、将来起こり得る事象の確からしさを予測し、それに基づいて戦略を立てることもできます。

確率を使いこなせるようになれば、リスクを最小限に抑え、チャンスを最大限に活かすための意思決定を、自信をもって行うことができるようになるでしょう。

「確率」という言葉は、誰もが一度は耳にしたことがあるはずです。しかし、確率は誤解されやすい概念でもあります。

《確率とは「起こりやすさの程度」》

最初に確率の定義をはっきりさせておきましょう。

確率とは、「ある事柄の起こりやすさの程度を表す数値」です。確率はふつう0以上1以下の数値で表します。絶対に起こることの確率は1（100％）であり、絶対に起こらないことの確率は0（0％）です。

《確率は3種類ある》

一口（ひとくち）に確率と言っても、大きく分けて「先験的確率」「経験的確率」「主観的確率」の3種類が存在します。

これらの違いを理解し、日常で触れる様々な「確率」がどのタイプに該当するのかを見極めることは、確率を正しく理解し、誤解を避けるための重要な第一歩と言え

るでしょう。

①先験的確率

起こり得るすべての場合の数に対する、特定の事柄が起きる場合の数の割合で、次のように定義される確率です。

$$確率 = \frac{特定の場合の数}{すべての場合の数}$$

中学・高校で主に勉強する「確率」はこれです。先験的確率は「**数学的確率**」と言うこともあります。「確率」と言われて先験的確率（数学的確率）をイメージする方は多いでしょう。

②経験的確率

実際に**何度も同じ試行を繰り返して得られたデータから求める確率**です。

たとえば、コインを 100 回投げて表が出た回数が 53 回だった場合、表が出る経験的確率は、

$$\frac{53}{100} = 0.53 (53\%)$$

となります。

経験的確率は「**統計的確率**」とも言います。

経験的確率は、試行回数が増えれば増えるほど先験的確率に近付く傾向があります。

コインを 1,000 回、10,000 回、……と投げ続けると、統

計的確率は先験的確率(理論値)である50%に近付くというわけです。これを大数(たいすう)の法則と言います。

③主観的確率

先験的確率と経験的確率は客観的な計算やデータに基づくものですが、**個人の信念や経験に基づく確率**もあります。それが「主観的確率」です。

客観的ではない確率なんて意味がないと思われる方は多いかもしれません。しかし、実は様々な意思決定において主観的確率は重要な役割を果たしています。

たとえば医師が患者の症状を診(み)て、ある病気の可能性を「高い」「低い」と判断するのは、まさに主観的確率の活用です。

他にも、スポーツで監督やコーチは客観的なデータだけでなく、選手の調子や試合の「流れ」なども考慮して、試合の勝敗確率を主観的に判断し、戦略を立てています。

実際、20世紀の半(なか)ば以降に主観的確率が導入されると、データが不足している状況でも統計的推論が可能になるなど、確率論と統計学の適用範囲が大きく広がりました。

現在では、ベイズ統計学やAI、機械学習など、様々な分野で主観的確率の考え方が活用されています。

ただし、客観的確率と主観的確率の解釈をめぐっては現在も哲学的・数学的な議論が続いています。

本節では、まず基本的な確率として「先験的確率」を扱っていきます。

解答　どちらも同じ

解説

2つの戦略の成功確率を計算します。

戦略①（すべてのモジュールを同時に開発する場合）

少なくとも2つのモジュールが成功する確率を計算します。

3つすべて成功：$0.8 \times 0.7 \times 0.6 = 0.336$
AとBのみ成功：$0.8 \times 0.7 \times 0.4 = 0.224$
AとCのみ成功：$0.8 \times 0.3 \times 0.6 = 0.144$
BとCのみ成功：$0.2 \times 0.7 \times 0.6 = 0.084$

これらを合計します。

$$0.336 + 0.224 + 0.144 + 0.084 = 0.788$$

したがって、戦略①でのシステム成功確率は **78.8%** です。

戦略②（モジュールを順番に開発する場合）

Aが成功し、Bも成功する確率：$0.8 \times 0.7 = 0.56$
Aが成功し、Bが失敗し、Cが成功する確率
　：$0.8 \times 0.3 \times 0.6 = 0.144$
Aが失敗し、BとCが成功する確率
　：$0.2 \times 0.7 \times 0.6 = 0.084$

これらを合計します。

$$0.56 + 0.144 + 0.084 = 0.788$$

興味深いことに、戦略②でも成功確率は **78.8％** となりました。

よって、戦略①と戦略②の**成功確率は同じ**です。

ちなみに、この結果は偶然ではありません。

A、B、Cそれぞれの成功確率を p_a、p_b、p_c と文字で表して計算すると、戦略①と戦略②の成功確率は常に等しくなることが証明できます（どちらも $p_a p_b + p_b p_c + p_c p_a - 2 p_a p_b p_c$ になります）。

ただし、費用面を考慮すると、戦略②の方が有利と言えるでしょう。戦略①では必ず３つすべてのモジュールを開発する必要があるのに対し、戦略②では２つのモジュールの開発で済むケースもあるからです。

期待値

【問題31】
 ある企業が顧客獲得を目指して新しいオンラインマーケティングキャンペーンを実施します。このキャンペーンでは、次の3つのシナリオが考えられます。期待される新規顧客数は何人でしょうか？
①キャンペーンが大成功し、1,000人の新規顧客を獲得できる確率が30%
②キャンペーンがある程度成功し、500人の新規顧客を獲得できる確率が50%
③キャンペーンが失敗し、100人の新規顧客しか獲得できない確率が20%

少し数学史の話をしますと、確率という概念が生まれたのは17世紀です。

今では最も広く知られている数学の概念と言っても過言ではないのに、誕生からわずか400年ほどしか経っていないというのは驚きではないでしょうか。

図形や方程式などに比べて確率の議論が遅れたのは、未来は神のみぞ知るものであり、神に祈りを捧げる以外に未来についてできることは何もない、と長らく思われていたからです。

そんな中、ブレーズ・パスカル（1623-1662）とピエール・ド・フェルマー（1607-1665）という2人の天才は、互いに交わした手紙の中で未来を合理的に評価する

道を切り開きました。

> 注）彼らの議論の詳細に興味のある方は、拙著『ふたたびの確率・統計』（すばる舎）第2巻「統計編」の270頁をご覧ください。

パスカルとフェルマーの「未来を合理的に見ようとする目」は、これから紹介する**期待値**の概念に繋がります。実際、物理学や天文学の分野でも大きな成果をあげたオランダの**クリスティアーン・ホイヘンス（1629-1695）**が期待値の概念を創り上げたのは、パスカルとフェルマーの往復書簡からわずか3年後のことでした。

《期待値とは》

期待値とは、文字通り、**ある試行において期待される値**です。なお「試行」とは何度も同じ条件で繰り返すことができて、結果が偶然によって決まる事柄のことを言います。

下の表は、A君の過去10回の数学のテスト結果です（100点満点）。

点数（点）	90	80	70	60	合計
回数	1	2	3	4	10

まず過去10回の平均点を求めてみましょう。

$$平均点 = \frac{90 \times 1 + 80 \times 2 + 70 \times 3 + 60 \times 4}{10} = 70(点)$$

本来、テストを受けることを試行と捉えて、上の結果から確率を考えるのは適切ではありません。毎回まったく同じ難易度ではないはずなので「何度も繰り返せる」わけではないですし、多少運の要素があるとは言え「結果が偶然によって決まる」は言いすぎです。しかし、ここでは単純化のために、テストは同じ条件で繰り返すことができて、その点数は偶然によってのみ決まると仮定しましょう。

　すると、10回中1回は90点だったことから、90点になる確率は$\frac{1}{10}$と考えられます（これは経験的確率です）。他も同様に考えると次のようになります。

点数（点）	90	80	70	60	合計
確率	$\frac{1}{10}$	$\frac{2}{10}$	$\frac{3}{10}$	$\frac{4}{10}$	1

　次に先ほどの「平均点」の計算を次のように変形します。

$$\frac{90 \times 1 + 80 \times 2 + 70 \times 3 + 60 \times 4}{10}$$

$$= 90 \times \frac{1}{10} + 80 \times \frac{2}{10} + 70 \times \frac{3}{10} + 60 \times \frac{4}{10}$$

平均点の計算は「**点数×その点数をとる確率**」の和と見なせることがわかります。

　実は、このように計算したものが「**期待値**」です。

今、「え？」と思われたかもしれませんね。

そうなのです。**平均（点）と期待値は同じ値**です。

ただし、視線の方向が違います。平均はあくまで過去の結果を見ているのに対し、**期待値は確率を通して未来を見ている**のです。

実際、A君の過去10回の平均点が70点であることから、A君が11回目のテストでとる点数として70点を期待するのは合理的ですよね？（50点を期待するのは悲観的すぎますし、90点を期待するのは楽観的すぎるでしょう）

《期待値の求め方》

期待値の求め方を一般化しておきます。

値	x_1	x_2	x_3	$\cdots$	x_n	合計
確率	p_1	p_2	p_3	$\cdots$	p_n	1

ある値が $x_1 \sim x_n$ までの値をとり、それぞれの値をとる確率が上の表のように決まっているとき、この値の期待値は次のように計算します。

期待値 $= x_1 p_1 + x_2 p_2 + x_3 p_3 + \cdots + x_n p_n$

解答　570人

解説

問題文の条件を表にまとめます。

新規顧客数（人）	1,000	500	100	合計
確率	$\dfrac{30}{100}$	$\dfrac{50}{100}$	$\dfrac{20}{100}$	1

期待値の計算は次の通り。

$$1{,}000 \times \frac{30}{100} + 500 \times \frac{50}{100} + 100 \times \frac{20}{100} = 570(人)$$

したがって新規顧客数の期待値は **570人** です。

第 9 章

統計の理解と利用

ねらい

　現代社会において、統計リテラシー、つまり統計を理解し活用する能力は、ビジネスパーソンにとって必要不可欠なスキルとなりました。感情や経験だけに頼ることなく、客観的なデータに基づいて意思決定を行うことの重要性は、ますます高まっています。

　ただ、日本は諸外国に比べて統計教育が遅れました。そのため、「統計はよくわからない」と感じている方は多いのではないでしょうか？

　そこで本章では数ある統計手法の中から、特に汎用性が高く、ビジネスの現場ですぐに役立つ「**平均**」「**標準偏差**」「**仮説検定**」の3つを厳選し、丁寧に解説していきます。

　各項目はボリュームがありますが、統計初心者の方でも無理なく理解できるように配慮して書きました。是非、じっくりと読み進めて、統計リテラシーを向上させてください。

いろいろな平均

【問題32】
　次の分析を行うのに適した平均を、下の（ア）〜（ウ）からそれぞれ1つずつ選んでください。
（1）顧客分析
→複数の顧客の購入金額をもとに平均購入額を計算し、顧客単価を把握する。
（2）生産効率分析
→一定のノルマを課せられた複数の生産ラインの各生産速度から、平均生産速度を計算する。
（3）コホート分析
→特定の時期にジムに入会した会員の毎月の筋肉増加率から、平均筋肉増加率を計算する。
（ア）算術平均　（イ）幾何平均（きか）　（ウ）調和平均

　小学校のときに「平均＝合計÷個数」と習います。私たちにとって最もポピュラーなこの「平均」は、正確には「算術平均」と呼ばれるものです。

　実は平均には他にも種類があります。特に**幾何平均**と**調和平均**はビジネスにおいても重要です。

　幾何平均は複利や成長率の分析などに使います。調和平均は速度や比率に関連するデータで役立ちます。

　これらを使い分けることで、状況に応じた正確な判断が可能になり、リスク評価、投資戦略の策定、効率的なリソース配分など、ビジネスにおける意思決定の精度を

第Ⅲ部　第9章　統計の理解と利用

高めることができるでしょう。

《算術平均 arithmetic mean》

ふつう私たちが「平均」と聞いてイメージする「合計÷個数」で計算する平均、すなわち、

$$\overline{x_A} = \frac{x_1 + x_2 + x_3 + \cdots + x_n}{n}$$

で定義される $\overline{x_A}$ は、$x_1, x_2, x_3, \cdots, x_n$ の「**算術平均**」あるいは「**相加平均**」と言います。

統計では、ある変数（いくつかの数値の入れ物）x の平均を表すとき、$\bar{x}$ のように文字の上に「-」を付けます。$\bar{x}$ は「エックスバー」と読みます。

ちなみに $\overline{x_A}$ の A は算術平均を表す英語 "arithmetic mean" の頭文字です。他の平均と区別したいときに付けます。以下、$\overline{x_G}$ や $\overline{x_H}$ の小さい添え字のアルファベットも、それぞれの平均を表す英語の頭文字です。

《幾何平均 geometric mean》

n 個の正の数 $x_1, x_2, x_3, \cdots, x_n$ について、これらの積の n 乗根、すなわち、

$$\overline{x_G} = \sqrt[n]{x_1 x_2 x_3 \cdots x_n}$$

で定義される $\overline{x_G}$ を、$x_1, x_2, x_3, ..., x_n$ の「**幾何平均**」あるいは「**相乗平均**」と言います。

　　注）n 乗根については後で説明します。

幾何平均は、複数の期間にわたる複利や成長率、投資リターンを平均化する際に適しています。

たとえば、ある会社の年間の業績が次のように伸びたとしましょう。

対前年比は120％、120％、150％です。

この会社の平均成長率を計算したいと思ったとき、単純にこれらの数字を足して3で割る、いわゆる算術平均を考えるのは正しいのでしょうか？

実際に計算してみると、

$$\frac{120+120+150}{3} = 130 (\%)$$

となりますが、もしこの会社が100億円から毎年対前年比130％で成長したとすると、100億円→130億円→169億円→219.7億円となり、本来の3年後の業績である216億円とはズレが生じてしまいます。

一方、120％、120％、150％の幾何平均は、

$$\sqrt[3]{120 \times 120 \times 150} = 129.26\cdots \quad (\%)$$

より、129.26…％です。

この129.26…％を毎年の対前年比として計算すると、3年後には100億円がぴったり216億円になることが確認できます。

この例では、算術平均と幾何平均の差はわずかでしたが、使う数字の差が大きくなると、誤差は拡大していきます。

幾何平均は、成長率や変化率のように**前の値に対する比率で表される量の平均**を表す際に使います。

最初の値 a_0 に n 個の比率（$p_1 \sim p_n$）を次々に掛けて最終の値 a_n が求まるとき、つまり、

$$a_0 \times p_1 \times p_2 \times \cdots \times p_n = a_n$$

という関係があるとき、**n 個の比率（$p_1 \sim p_n$）の平均には幾何平均を使うのが適当**です。

《調和平均 harmonic mean》

n 個の正の数 $x_1, x_2, x_3, \cdots, x_n$ に対して、**その逆数の算術平均の逆数**、すなわち、

$$\frac{1}{\overline{x_H}} = \frac{\frac{1}{x_1} + \frac{1}{x_2} + \frac{1}{x_3} + \cdots + \frac{1}{x_n}}{n}$$

$$\Rightarrow \quad \overline{x_H} = \frac{n}{\frac{1}{x_1} + \frac{1}{x_2} + \frac{1}{x_3} + \cdots + \frac{1}{x_n}}$$

で定義される $\overline{x_H}$ を、$x_1, x_2, x_3, \cdots, x_n$ の「**調和平均**」と言います。

注）「a の逆数」とは、a との積が 1 になる数、すなわち $\frac{1}{a}$ のことです。

調和平均の式は複雑ですが、**速度や割合を平均化する際に使います。**

たとえば、120km の道のりを、行きは時速 20km、帰りは 30km で走ったときの往復の平均速度を求めてみましょう。

ここで安易に2つの速度の算術平均を計算して、

$$\frac{20+30}{2} = 25 \left(\mathrm{km}\big/_{時間} \right)$$

から、平均速度を時速 25km としてはいけません。

平均速度は「総移動距離÷総移動時間」で計算するべきものです。

120km の道のりを行きは時速 20km で 6 時間、帰りは時速 30km で 4 時間かけて進んでいるので、10 時間で往復 240km を走ったことになります。つまり、本当の平均速度は、

$$平均速度 = \frac{総移動距離}{総移動時間} = \frac{240}{10} = 24 \left(\mathrm{km}\big/_{時間} \right)$$

より、時速 24km です。

この 24 という数字が 20 と 30 の調和平均によって計算できます。確かめてみましょう。

$$\frac{2}{\frac{1}{20}+\frac{1}{30}} = \frac{2}{\frac{5}{60}} = 2 \div \frac{5}{60} = 2 \times \frac{60}{5} = 24$$

なぜ調和平均によって、正しい平均速度が計算できるのかは、文字式で考えるとはっきりします。

今、距離 l の往路を速度 v_1、復路を v_2 で走ったとして、それぞれにかかった時間が t_1、t_2 ということにします。つまり、

$$v_1 = \frac{l}{t_1}、v_2 = \frac{l}{t_2} \Rightarrow t_1 = \frac{l}{v_1}、t_2 = \frac{l}{v_2}$$

です。

往復では $2l$ の距離を $t_1 + t_2$ という時間で進んだことになるので、平均の速度は、

$$\frac{2l}{t_1+t_2} = \frac{2l}{\dfrac{l}{v_1}+\dfrac{l}{v_2}} = \frac{2}{\dfrac{1}{v_1}+\dfrac{1}{v_2}}$$

です。確かに v_1 と v_2 の調和平均になっていますね。

なお、**調和平均によって平均の速度が出せるのは、移動距離 (l) が同じとき**です。

移動距離が異なる場合は、総移動距離と総移動時間を計算してから、総移動距離÷総移動時間で計算する必要があります。

《n 乗根について》

「a の n 乗根」とは「n 乗すると a になる数」を意味します。

たとえば、$2^3=8$ なので 2 は 8 の 3 乗根であり、

$$2 = \sqrt[3]{8}$$

と表します。

なお中学生で習う「平方根」は2乗根の別名ですが、よく使うので$\sqrt{}$の左上のnは省略するのが普通です。

$$3 = \sqrt[2]{9} = \sqrt{9}$$

n乗根の値は、関数電卓はもちろん、スマホの計算機アプリでも簡単に計算できます。iPhoneを例に説明しましょう。

計算機アプリを関数電卓モードに切り替えると、「$\sqrt[y]{x}$」というボタンが表示されます。たとえば「1000→$\sqrt[y]{x}$→3→=」とタップすれば、1,000の3乗根（10）が求まります。

解答　(1)…(ア)　(2)…(ウ)　(3)…(イ)

解説

(1) 顧客分析（複数の顧客の平均購入額）

たとえば、4人の顧客の購入金額が1,000円、1,500円、2,000円、3,500円だった場合の平均購入金額は、「平らに均す」という通常の平均で良いでしょう。

$$\frac{1,000 + 1,500 + 2,000 + 3,500}{4} = 2,000 \text{（円）}$$

と計算できるので、**算術平均**ですね。

(2) 生産効率分析（一定ノルマの平均生産速度）

生産ラインの生産速度は、

$$生産速度 = \frac{生産数}{時間}$$

で計算します。たとえば、3時間で120個の製品を製造する生産ラインの生産速度は、

$$生産速度 = \frac{120}{3} = 40 \left(個/時間\right)$$

です。

今、生産速度がそれぞれ10（個/時間）、12（個/時間）、15（個/時間）である3つの生産ラインがあり、どの生産ラインにも300個のノルマが課せられているとしましょう。

ノルマが同じなので、移動距離が同じ場合の平均速度と同じく、**調和平均**によって3つの生産ラインの「平均生産速度」が計算できます。計算式は次の通りです。

$$平均生産速度 = \frac{3}{\frac{1}{10} + \frac{1}{12} + \frac{1}{15}} = \frac{3}{\frac{6+5+4}{60}} = 3 \div \frac{15}{60}$$

$$= 12 \left(個/時間\right)$$

念のため、これが「平均生産速度＝総生産量÷総生産時間」に等しいことを確かめておきましょう。

3つの生産のラインの総生産量は300×3＝900個です。

ノルマの300個を生産するのに3つのラインでかかった時間はそれぞれ、

$$300 \div 10 = 30（時間）$$
$$300 \div 12 = 25（時間）$$
$$300 \div 15 = 20（時間）$$

から、計 30 ＋ 25 ＋ 20 ＝ 75 時間です。
すると「総生産量÷総生産時間」は確かに、

$$900 \div 75 = 12 \left(\frac{個}{時間} \right)$$

となり、先ほどの調和平均と一致します。

（3）コホート分析（会員の平均筋肉増加率）

　最近、ウェブマーケティングなどで注目度が上がっている「**コホート分析**」をご存じでしょうか？　コホート分析とは、特定の期間に共通の行動をした顧客（たとえば、同じ月に特定のアプリをダウンロードしたユーザー）を1つのグループとして、彼らの行動を時系列で観察、分析することを言います。
　コホート（cohort）は、もともと「仲間のグループ」という意味です。統計で、同一の性質をもつ集団を指す際に使われ始めました。
　ある特定の時期にジムに入会した会員の3ヶ月間の筋肉の増加率が、1ヶ月目は10％、2ヶ月目は0％、3ヶ月目は21％だったとしましょう。

ここで注意していただきたいのは、ある期間の増加率とは、あくまでその期間（たとえば1ヶ月）の期末の値と初期値の差を初期値で割ったものだということです。

$$増加率 = \frac{期末値 - 初期値}{初期値} \times 100 (\%)$$

最初の値に、1ヶ月目、2ヶ月目、3ヶ月目の増加率（10%、0%、21%）を次々に掛けても3ヶ月後の値にはなりません。

一方、最初の値に3ヶ月分の比率を掛ければ最終値が求まります。なお「比率」とは、100%に増加率を上乗せしたものを言います。もし10%増えたのなら、比率は110%ですね。

まずは3ヶ月分の比率の**幾何平均**を考えましょう。そして、比率の幾何平均から100%（1）を引けば、正しい平均の増加率が得られます。

というわけで、3ヶ月間の比率の幾何平均を計算します。10%の増加→比率110%、0%の増加→比率100%、21%の増加→比率121%なので、3ヶ月間の比率の幾何平均は、

$$\sqrt[3]{110 \times 100 \times 121} = 110 (\%)$$

です（関数電卓を使ってください）。

よって、3ヶ月間の筋肉増加率の（幾何）平均は

$$110\% - 100\% = 10\%$$

とわかります。

標準偏差

【問題33】

2つの小売店、A店とB店の売上を分析しています。

以下はそれぞれの店の過去半年（6ヶ月）の売上です。

A店：93　101　105　99　107　95（万円）
B店：90　102　110　98　114　86（万円）

売上の安定性が高いのは、どちらの店か答えなさい。

社会人にとって最も実用的な数学と言えば、統計でしょう。

実際、私の主宰する「大人の数学塾」でも「統計を教えて欲しい」という声はとても多いです。

特に21世紀に入った頃から、インターネットの普及とPCの飛躍的な能力向上によって、以前とは比較にならないほど大量の情報が巷に溢れるようになり、いわゆるビッグデータが日々蓄積されるようになりました。その中から有益な情報を探り当て、ビジネスに利用するために必要な数学、それが統計です。

《統計は2種類ある》

日本語の「統計」は、「まとめる」という意味の「統」と「かぞえる」という意味の「計」で構成され、「すべてを集める」という意味になっています。

数学に関連する日本語の多くは中国から入ってきたものですが、「統計」は日本で独自に生まれた用語です。

統計には大きく分けて2種類あります。

1つは「記述統計」、もう1つは「推測統計」です。

記述統計とは、**収集したデータを数値や表、グラフなどに整理し、データ全体が示す傾向や特徴を明らかにする手法**のことを言います。たとえば、平均を求めたり、円グラフや折れ線グラフを作成したりするのも、記述統計の1つです。

他方の推測統計は、**一部のデータ（標本）からデータが属する集団全体（母集団）の性質を確率的に推測する手法**のことを指します。これは、よくかき混ぜた味噌汁から一匙だけ味見して、味噌汁全体の味を推測することに似ています。

《標準偏差とは》

記述統計でも推測統計でも、データ分析の根幹をなすのは、**データがどのように分布しているか、言い換えれば、データの散らばり具合を把握すること**です。

データがどのように分布しているかは、表やグラフを作成しなくても、たった1つの数値で大まかに把握することができます。その数値が**標準偏差**です。

もう少し詳しく言えば、標準偏差は**「平均からの散らばり」**を表す指標です。

　なお、ここでの「平均」は算術平均を指します（以下同じ）。

　標準偏差は、**データが平均からどれくらい離れて分布しているか**を示す指標です。標準偏差が小さい場合は、データの大部分が平均値の近くに集中していることを意味し、逆に標準偏差が大きい場合は、データが平均値から大きく離れたところにも広範囲に分布していることを示唆します。

《分散と標準偏差》

　それでは、標準偏差の求め方について、その背景にある考え方から丁寧に解説していきます。

　いきなり計算式を提示するだけでは、なぜそのような式になるのかが理解しづらいと思いますので、まずは具体的な例を通じて、標準偏差の概念をつかんでいきましょう。

A組	48	49	50	51	52
B組	30	40	50	60	70

（単位：点）

平均

・A組

$$\frac{48+49+50+51+52}{5} = 50(点)$$

・B組

$$\frac{30+40+50+60+70}{5} = 50(点)$$

　左頁の表は、A組とB組のテストの得点をまとめたものです。どちらの組も平均は50点ですね。しかし、データの散らばり具合は大きく違います。B組の方が広い範囲に得点が分布していて散らばりが大きいのは明らかです。

　この「平均からのばらつき具合」の違いを具体的に数値化するのが、ここでの目標です。

　まずは「平均からの差」を表にまとめて、それらの平均を求めてみることにしましょう。

　なお、統計では「平均からの差」のことを「偏差」と言います。

〔偏差〕

A組	− 2	− 1	0	1	2
B組	− 20	− 10	0	10	20

(単位:点)

偏差の平均

・A組

$$\frac{(-2)+(-1)+0+1+2}{5}=0(点)$$

・B組

$$\frac{(-20)+(-10)+0+10+20}{5}=0(点)$$

なんと!?　どちらも同じ0（点）になってしまいました。

実は、これは偶然ではありません。**偏差（平均からの差）の平均はどんなデータでも必ず0になります**（後ほど詳しく説明します）。プラスの値とマイナスの値が互いに打ち消し合ってしまうことが問題です。

そこで、どの値もマイナスにならないように、偏差を2乗してから平均をとったらどうなるでしょうか？

まずA組とB組の偏差の2乗を表にまとめます。

〔偏差^2〕

A組	4	1	0	1	4
B組	400	100	0	100	400

(単位：点^2)

偏差^{2}の平均

・A組

$$\frac{4+1+0+1+4}{5} = 2(点^2)$$

・B組

$$\frac{400+100+0+100+400}{5} = 200(点^2)$$

今度はちゃんと違いが出ました。

ばらつきの大きいB組の方が、「偏差^{2}の平均」も大きくなります。「平均からの差のばらつき」を比較するには、「偏差^{2}の平均」を計算すれば良さそうです。

そこでこれを「**分散**」と名付けることになりました。

分散＝偏差^{2}の平均

ただし、分散には欠点があります。特に次の2点は問題です。

①値が大きすぎる
②単位が奇妙

先ほどの例でも、特にB組の分散は200（点^2）となり、実際のデータのばらつき具合に比べて、数値が大きくなりすぎています。また、「点^2」という単位も理解しづらいです。

しかし、分散の欠点を解消するのは難しくありません。偏差の2乗を平均していることが原因なので、単純に平方根（$\sqrt{\ }$）をとれば良いのです。**標準偏差**はこうして生まれました。

$$標準偏差 = \sqrt{分散} = \sqrt{偏差^2 の平均}$$

標準偏差

・A組

$$\sqrt{\frac{4+1+0+1+4}{5}} = \sqrt{2} = 1.4142 \cdots \quad （点）$$

・B組

$$\sqrt{\frac{400+100+0+100+400}{5}} = \sqrt{200} = 14.142 \cdots \quad （点）$$

標準偏差は、もとのデータと同じ単位をもち、平均からの散らばり具合を直感的に理解しやすいという利点があります。

ただ、標準偏差にも欠点がないわけではありません。$\sqrt{\ }$の値になるため、電卓がないと値の見当がつけづらいという側面があります。

そのため、どのデータのばらつきが最も大きいか（または最も小さいか）だけを知りたい場合は、分散を使うことも多いです。

標準偏差と分散は、データのばらつきを表す指標とし

てそれぞれに利点と欠点があります。状況に応じて適切な指標を選択することが重要と言えるでしょう。

《偏差の平均が必ず0になる理由》

問題の解説に入る前に、偏差の平均が必ず0になる理由を解説しておきましょう。あえて、文字式で一般化するのではなく、イメージでお伝えします。

平均とは「平らに均す」ことでしたね。

ブロックが2個、4個、2個、4個と凸凹に並んでいる様子を想像してください。これらを平らに均すと3個のブロックが並びますね（下の図参照）。

次に、平らに均した状態の高さを基準の「0」に設定してから、ブロックをもとの状態に復元します。偏差とは、この「0」からの差です（今回の例では、偏差は−1、＋1、−1、＋1）。

最後に、ふたたびブロックを平らに均したらどうなるでしょうか？　もちろん、平らに均されたブロックの高さは最初に平らに均したときと同じ高さ、すなわち「0」になりますね。

以上が、偏差の平均は必ず「0」になる理由のイメージです。

解答　A店の方が、安定性が高い

解説

「売上の安定性が高い」とは、「売上のばらつきが小さい」ということです。

つまり、**売上の標準偏差の小さい方が、売上の安定性が高い**、と評価できます。

標準偏差を求めるには、次のような表を作ると良いでしょう。

【A店】　　　　　　　　　　　　　　　　　合計　平均

売上	93	101	105	99	107	95	600	100	(万円)
偏差	－7	1	5	－1	7	－5	0	0	(万円)
偏差^2	49	1	25	1	49	25	150	25	(万円^2)

【B店】　　　　　　　　　　　　　　　　　合計　平均

売上	90	102	110	98	114	86	600	100	(万円)
偏差	－10	2	10	－2	14	－14	0	0	(万円)
偏差^2	100	4	100	4	196	196	600	100	(万円^2)

上の表から、A店とB店の分散（偏差^{2}の平均）は、それぞれ25（万円^2）と100（万円^2）であることがわかります。

標準偏差＝$\sqrt{分散}$ なので両店の標準偏差は次の通りです。

$$A店の標準偏差＝\sqrt{25}＝5（万円）$$

$$B店の標準偏差 = \sqrt{100} = 10（万円）$$

　売上の標準偏差が小さいのは A 店の方なので、**A 店の方が、売上の安定性が高い**と言えます。

　なお、Excel などの表計算ソフトには、数値を入れるだけで標準偏差を計算してくれる便利な関数もありますが、上記のような表を作るのは意外と簡単です。

　自分で表を作成して計算してみることで、ブラックボックスのように結果だけが表示されるよりも、計算のプロセスを理解でき、納得感をもってデータを捉えることができるのではないでしょうか？

仮説検定

【問題34】
 ある飲料メーカーが、缶コーヒーの品質改善に取り組んでいます。無作為に選んだ30人のユーザーに新製品の試作品を飲んでもらい、以前より美味しく感じるかどうかを回答してもらったところ、21人が「以前より美味しくなった」と答えました。
 このアンケート結果から、「新製品の方が（旧製品よりも）美味しい」と判断して良いでしょうか？

　前節では、記述統計に登場する様々な指標の中から、特に汎用性が高いと思われる標準偏差について解説しました。

　この節では、推測統計の手法の中から**仮説検定**と呼ばれるものを紹介したいと思います。

　推測統計は、サンプル（標本）を調べて母集団の特性を確率的に予測する**推定**と、標本から得られたデータの差異が誤差なのか、あるいは意味のある違いなのかを検証する**検定**とを2本柱にしています。

　TVの視聴率や選挙の開票速報などは「推定」であり、「1日2杯のコーヒーはがんの発生を抑える」などの仮説の信憑性を裏付けるのが「検定」です。

《仮説検定とは》

　仮説検定とは、母集団の分布や性質などについて、あ

る仮説が正しいかどうかを、**統計的に Yes or No 方式で判断する手法**です。

たとえば、あなたの友人に「俺は人よりジャンケンが強いんだぜ」と豪語する人がいたとします。

本当かな？　と疑問に思ったあなたが、彼と実際にジャンケンをしてみたところ、彼はあいこなしに4連勝しました。この結果から、彼は本当に人よりジャンケンが強いと言えるのか、仮説検定を使って考えてみましょう。

まず「友人のジャンケンの強さは人並みである」という仮説を立てます。

この仮説が正しいとすると、友人が1回のジャンケンで勝つ確率は$\frac{1}{3}$なので、彼があいこなしに4連勝する確率は、

$$\left(\frac{1}{3}\right)^4 = \frac{1}{81} = 0.0123\cdots = 1.23\cdots\%$$

となります。

これは非常に低い確率です。つまり、あいこなしに4連勝するというのはかなり珍しい出来事だと言えるでしょう。

仮説検定では、「**滅多に起こらないようなことが実際に起こったのは、最初の仮説が間違っていたからだ**」と考えます。

今回のケースでは「友人のジャンケンの強さは人並みである」という仮説は誤りである、すなわち「友人はジャンケンが人より強い」と判断します。

《仮説検定の手順》

それでは、仮説検定の手順を説明します。

最初に、証明したい事柄を否定する仮説を立てます。この仮説を**帰無仮説**と言います。この少し変わった名前の由来は諸説ありますが、棄却して無に帰したい(なかったことにしたい)仮説だからこのような名前になったという説が有力です。

帰無仮説のもとで計算した確率がある基準より低くなったとき、帰無仮説は棄却されます。

この基準のことを**有意水準**と言い、帰無仮説が棄却されたときに採択される仮説(=**証明したい仮説**)は**対立仮説**と呼ばれます。

有意水準は5%とするのが一般的ですが、学術論文などでは0.01%程度に設定されることもあります。当然、有意水準が低ければ低いほど厳しい検定だと言えます。

先ほどの例の場合、「友人のジャンケンの強さは人並みである」が帰無仮説、「友人はジャンケンが人より強い」が対立仮説です(有意水準は明記しませんでした)。

なお、帰無仮説のもとで計算し、確率が有意水準以下になることを「棄却域に入る」、有意水準以下にならないことを「採択域に入る」と言います。

【仮説検定の手順】

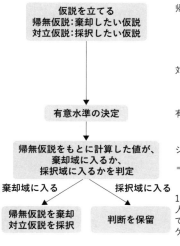

《仮説検定の注意点》

仮説検定を行う上で、特に注意すべき2つのポイントを強調しておきましょう。

1つ目は、「**仮説検定から何らかの結論を引き出せるのは、帰無仮説に基づいて算出した値が棄却域に入った場合のみ**」であるということです。

言い換えると、これは棄却域の設定次第で、有意義な結論が得られるかどうかが決まることを意味します。棄却域を定める確率を「有意水準」と呼ぶのは、まさにこのためです。

帰無仮説に基づいて計算した値が採択域に入った場合は、「よくあることが起きた」、つまり「確率的に見ておかしな結論ではない」と解釈され、帰無仮説を否定することはできません。しかし、だからと言って帰無仮説が正しいと断言できるわけでもありません。
「採択域」とは言うものの、**帰無仮説は決して「採択」できないことに気をつけてください。**
　たとえば、新しい薬の効果を調べるために、帰無仮説「新薬と従来の薬に差はない」を立てたとしましょう。そして仮説検定の結果、帰無仮説が棄却できなかったとします。それでも「新薬は従来の薬を上回る効果がない」と結論付けるのは早計です。単に、今回の実験データでは、新薬の効果を証明するほどの証拠が得られなかった、というだけです。もっと大規模な実験を行ったり、異なる実験デザインを採用したりすれば、新薬の効果が証明されるかもしれません。
　帰無仮説が棄却できない場合、私たちは「帰無仮説は正しい」ではなく、「帰無仮説を棄却するだけの十分な証拠がない」と考えるべきなのです。
　重要な注意点の2つ目は、「**帰無仮説は確率が計算できるように設定する**」ということです。
　仮説検定で証明したいことの多くは、「効果がある」とか「重要な（意味のある）差が認められる」などの不等式（A ≠ B）で表される事柄ですが、差があることを仮定して確率を計算するのは難しいことが多いです。
　先ほどの例でも、友人がジャンケンで勝つ確率は$\frac{1}{3}$より大きいことを仮定しようとしても、具体的にどれくら

いの勝率を仮定すれば良いのか判断に困ってしまいます。

しかし、等号（A＝B）で示される仮定であれば、先ほどのように確率は計算しやすくなります。

結局、差があることを示したい場合は**差がないことを帰無仮説に設定**し、確率を計算します。そうして計算した値が棄却域に入れば、本当に示したい対立仮説を採択できます。

仮説検定は、証明したいことの結論を否定し、矛盾を導くことで証明するいわゆる「背理法」（138頁）によく似た考え方です。実際、仮説検定のことを**「確率付き背理法」**と呼ぶ人もいます。

解答　判断して良い（有意水準を5％に設定）

解説

「新製品の方が美味しい」ことを示したいので、これを否定して、「新製品と旧製品には味の差がない」を帰無仮説にし、「新製品の方が美味しい」を対立仮説とします。「新製品と旧製品には味の差がない」という帰無仮説のもとでは、ユーザーはまったくの偶然で、新製品を美味しいと言ったり、そうでなかったりします。つまり、ユーザーが新製品の方が美味しいと回答する確率は$\frac{1}{2}$です。

これは、コインを投げたときに表が出る確率と同じなので、帰無仮説のもとでは、30人から回答をもらってn人が「新製品の方が美味しい」と答える確率と、30枚のコインを投げてn枚が表になる確率は同じと言えます。

今回のアンケートでは、21人が「新製品の方が美味しい」と答えました。

そこで、30枚のコインを投げて表が出た枚数を記録するという実験を200回繰り返し（実際は、ExcelのRAND関数を使って作成）、21枚以上が表になる確率（経験的確率）を考えることにしましょう。

注）どうして「21枚以上」の確率を考えるのかについては後で補足します。

表が出た枚数	0〜5	6	7	8	9	10	11	12	13	14	15	16	17	18	19	20	21	22	23	24	25〜30	合計
回数	0	0	2	1	3	3	9	21	15	22	27	35	25	16	11	4	3	2	0	1	0	200

表を見ると、表が21枚以上になる確率は、

$$\frac{3+2+0+1+0}{200} = \frac{6}{200} = 3\%$$

これは有意水準（5%）より低いので、帰無仮説は棄却され、対立仮説の「新製品の方が美味しい」が採択されます。つまり、**「新製品の方が美味しい」と判断して良い**というわけです。

注）反復試行という考え方を使って、30枚のコインを投げて21枚以上が表になる先験的確率（数学的確率）を求めると2.13…%となります。

21枚以上を考える理由

30人中21人が「新製品の方が美味しい」と回答した結果を統計的に分析する際、なぜ30枚のコインを投げて21枚以上が表になる確率を考えるのでしょうか？

一言(ひとこと)で言うと「**偶然による結果を誤って有意と判断してしまうリスクを最小限に抑えるため**」です。

　たとえば、平均点が 70 点のテストで、ぴったり 80 点をとった生徒がたまたま 100 人中 1 人だけだったとしましょう。このとき「80 点の生徒は全体の 1% しかいないから、この生徒は極めて優秀だ」と考えるのはおかしいですよね？　もしかしたら、85 点や 90 点の生徒はたくさんいるかもしれません。

　しかし、もし 80 点以上の生徒が全体の 5% しかいないのであれば、80 点の生徒は十分優秀と認めて良いでしょう。

　同じように、ちょうど 21 人のケースだけを考えて、確率が有意水準より低くなったからと言って（棄却域に入るような非常に珍しい事が起きたと考えて）、帰無仮説を棄却するのは危険です。22 人や 23 人や……のケースも考慮に入れる必要があります。

　21 人以上が「美味しい」と答える確率を計算することで、結果が特定の方向（美味しいという意見が優勢な方向）に偏(かたよ)る希少性を正当に評価できます。この確率が十分に低ければ、21 人という結果は偶然では起こりにくく、新製品が実際に好まれている可能性が高いと判断できるのです。

　以上が、帰無仮説のもとで 30 人中 21 人以上が「美味しい」と回答する確率 = 30 枚のコインを投げて 21 枚以上が表になる確率を考える理由です。

第 IV 部

第 10 章

具体と抽象

ねらい

　私たちは日常生活で、具体的な事柄から抽象的な概念を導き出し、また逆に抽象的な概念を具体的な事柄に当てはめて理解を深めています。

　この章では、この**「具体と抽象」の往復運動を自在に行う**ための思考ツールを提供します。

　思考実験を通して自由な発想力を育み、**上手な喩えの作り方**を学ぶことで複雑な概念をわかりやすく表現する技術を習得します。

　さらに、**帰納法と演繹法の使い分け**を理解することで、論理的な思考力を高め、**トポロジー的発想**を取り入れることで、物事の本質を見抜く力を養います。

　これらのツールを駆使すれば、複雑な問題をシンプルに捉え、新たな視点から解決策を生み出すことができるようになるでしょう。

思考実験

> 【問題 35】
> 　あなたの会社では、今後の戦略的な意思決定に AI を導入しようとしています。AI は過去のデータをもとにした分析に非常に優れており、意思決定の効率化が見込まれています。しかし、AI には倫理的判断や感情的側面が欠如（けつじょ）しており、人間の感情や企業文化にそぐわない意思決定を行う可能性があります。
> 　さて、あなたは意思決定を AI に任せますか？　それとも、人間との役割分担をしますか？　役割分担をするとしたら、どのようにしますか？　結論だけでなく、理由も含めて考えてください。

　第 5 章の背理法の節では、ガリレオが「物体の落下速度は物体の重さとは無関係である」という結論を導き出した思考実験を紹介しました。

　この説では「思考実験」そのものについて、もう少し詳しく掘り下げてみたいと思います。

《思考実験の例①　テセウスの船》

　歴史上有名な思考実験の中から「**テセウスの船**」を紹介しましょう。

　遥（はる）か昔、古代ギリシャにテセウスという英雄がいました。彼は数々の冒険を繰り広げたことで知られています

が、その旅の中で愛用していた船がありました。この船は、テセウスの死後も英雄の偉業を称える記念碑として大切に保管され、人々の敬愛を集めていました。

しかし、長い年月が経つにつれて、船の一部が朽ち果て始めます。そこで人々は、傷んだ部品を新しいものへと交換していくことにしました。

そしてついに、船のすべての部品が新しいものへと置き換えられる日が訪れました。もとの部品は1つも残っていません。

ここで、ある疑問が生じます。果たして、すべての部品が交換されたこの船は、今もなお「テセウスの船」と呼ぶことができるのでしょうか？

これは、物体の同一性や自己同一性についての哲学的な問題を提起する思考実験です。

たとえば人間の身体も、細胞レベルでは常に変化を続けています。しかし、私たちは、昨日も今日も、同じ自分であると感じています。

では、人や物が時間とともに変わる場合、その変化の中でも「自分らしさ」や「同一性」はどのように保持されるのでしょうか？
「テセウスの船」は、**ふだんはなかなか考えることのないこうした問題について、深く考えるためのきっかけを与えてくれる思考実験**です。

《思考実験の例② 鶴亀算》

次は、算数の特殊算として有名な鶴亀算を紹介します。

第Ⅳ部　第 10 章　具体と抽象

これも、一種の思考実験です。

(問題)
　ツルとカメが合わせて 7 匹いて、その足の合計が 22 本です。ツルとカメはそれぞれ何匹いますか？

(解答)
　7 匹すべてツルであるとします。
　すると、ツルの足は 2 本なので、足の合計は、

$$2 \times 7 = 14 (本)$$

です。
　本当の足の合計は 22 本なので、8 本足りません。
　カメの足は 4 本なので、ツル 1 匹をカメ 1 匹と交換すると、足の合計は 2 本増えます。よって 8 本の不足を補うには、

$$8 \div 2 = 4 (匹)$$

より、ツル 4 匹をカメと交換すれば良いことがわかります。
　以上より、

$$ツル : 7 - 4 = 3 (匹)、カメ : 0 + 4 = 4 (匹)$$

とわかります。

鶴亀算の問題自体は、連立方程式でも簡単に解けます。しかし、鶴亀算の考え方は、「すべてツル（あるいはカメ）であるとする」という**極端な例を想定することで正しい答えを導く思考実験**の一種です。

　これは、問題解決における重要な思考プロセスであり、現代社会においても複雑な問題に対処するための基礎となる力と言えるでしょう。

《思考実験の活用方法》

　思考実験とは、実現可能かどうかにとらわれず、架空（かくう）の状況を想定して、その中で起こり得る結果を論理的に考え抜く手法です。

　現実世界では試すことのできない非現実的な状況を想定して、様々な角度から考えを巡（めぐ）らせることで、新たな洞察を得ることもできます。

　以下、具体的な活用方法を紹介しましょう。

・極端なケースを想定する

　ある事柄の本質や欠点、リスクを明らかにするためには、極端なケースを想定することが効果的です。

　たとえば、「もし自社の主力製品の需要が突然ゼロになったら」といった極端な状況を考えることで、事業の脆弱（ぜいじゃく）性や新たな可能性が見えてくるかもしれません。

・仮説を立てて検証する

　思考実験を通じて仮説を立て、それを実際のビジネス現場で検証していくプロセスを繰り返すことで、より

確実な意思決定に繋がります。

たとえば、「顧客満足度を上げるためには、応対時間を短縮するよりも、丁寧な説明を心がけるべきだ」という仮説を立て、実際に検証してみる、といった具合です。

・チームでのディスカッションに活用する

思考実験をチームでのブレインストーミングやディスカッションに取り入れることで、多様な視点からの意見を引き出すことができます。

「もし競合他社がすべて撤退したら、我々はどのような戦略をとるべきか」といったテーマで議論を行うことで、新たなアイデアが生まれる可能性があります。

《思考実験のトレーニング方法》

思考実験のスキルを磨(みが)くには、日常的な練習が効果的です。たとえば、ニュースを見たときに「もしこの出来事が10倍の規模で起こったら、どのような影響があるだろうか」と考えてみるなど、日々の生活の中で思考実験を習慣化することをおすすめします。

また、ビジネス書や経営者の伝記などを読み、そこで描かれている状況に自分を置き換えて考えてみることも良い練習になるでしょう。思考実験を通じて得られた洞察を、実際のビジネス戦略や意思決定に反映させていくことで、より創造的で効果的な問題解決が可能になるはずです。

解答例

　AIには過去のデータをもとにした効率的な分析力があり、短期間で大量のデータを処理できる点は非常に魅力的です。しかし、ビジネスには感情的な要素や社会的責任、企業文化といった無形の要素が存在します。これらはデータに基づかない人間的な判断が必要となる場合が多いです。

　そのため、意思決定のプロセスを完全にAIに任せることは避け、AIはあくまで補助的な役割を担うべきだと考えます。

　具体的には、データに基づく予測や分析はAIに任せ、人間がその結果を踏まえた最終判断を行う体制を採用します。特に戦略的な意思決定や倫理的な判断を要する場面では、人間の関与が不可欠です。

解説

　この思考実験は、様々な立場から問題を検討する**多角的な視点**、アイデアを裏付ける根拠や論理を明確にする**論理的な思考**、さらにはビジネスや社会に関する**未来への洞察**などを鍛えることができるでしょう。

第IV部　第10章　具体と抽象

上手な喩えの作り方

【問題36】
「知識は力なり」という概念を、自然現象を使って表現してください。

「闇(やみ)で闇を消すことはできない。闇を消すことができるのは光だけである」

という言葉をご存じでしょうか？　これは、アメリカの人権活動家キング牧師（マーティン・ルーサー・キング・ジュニア）の言葉です。
　また、こんな言葉もあります。

「憎しみは酸のようなもの。それを含む容器を傷つけるだけだ」

　こちらは、一般的に『トム・ソーヤーの冒険』の著者として知られるマーク・トウェインに帰されることが多いようですが、実際はある新聞に載った無記名の記事からの引用だったようです。
　いずれの言葉も「ネガティブな感情や行動に対する解決策は、ポジティブなアプローチによってこそ得られる」という教訓を伝えています。
　ここで注目していただきたいのは、喩えの上手(うま)さです。
　言うまでもなく、上手な喩えは、人を説得するのに極

めて大きな力を発揮します。

　私も教師として、数学の概念を伝える際に様々な喩えを用います。

　たとえば、微分と積分の違いはこんな風に喩えます。

「微分は完成したジグソーパズルをバラバラにするようなものであり、積分はバラバラになったジグソーパズルの全体を復元するようなものです」

　これは、微分と積分が逆の演算であることと、一般に微分よりも積分のほうがうんと難しいことを生徒に納得してもらうために考え出しました。

《喩えが効果的な理由》

　喩え話が人を説得するのに効果的である理由はいくつかあります。

　まず、抽象的な概念を**具体的な理解しやすい形にする**ため、難解な内容も身近に感じさせることができます。特に、話を聞く人がその分野に詳しくない場合、喩え話を使うと話のポイントを簡潔に伝えられるため、説得がスムーズになります。

　また、喩え話は**感情にも訴え**ます。喩えには日常の中でよく目にするものや、誰もが経験したことのある感情や状況が使われることが多いため、聞き手は「自分も同じことを経験した」と、喩え話に対して強く共感するわけです。

　さらに、喩え話には**記憶に残りやすい**という利点もあ

ります。抽象的な概念だけでは忘れやすいですが、喩え話は視覚的なイメージを伴うため、記憶に残りやすいです。
「小さな努力の積み重ねが大きな成果に繋がる」と言われるよりも、「一滴一滴の水がやがて水瓶(みずがめ)を満たす」という具体的なイメージの方が記憶に残るでしょう？

喩え話は、**複雑な内容をシンプルに伝える**こともできます。

つまり、喩え話は抽象的な概念を具体化し、感情を動かし、記憶に残りやすい形で情報を伝えるメカニズムをもっています。これが説得のプロセスを円滑(えんかつ)にし、理解を助ける要因となるのです。

《数学が得意な人は喩えが上手い》

秀逸(しゅういつ)な喩え話が作れる能力は、数学の力と密接な関係があると私は思っています。実際、私が出会った多くの数学者、科学者は、皆さん喩え話が非常にお上手でした。

なぜでしょうか？

それは、数学そのものがもつ特性や、数学を学ぶ過程で養われる思考方法が関係するからです。

数学は非常に抽象的な概念を扱います。数式や理論を理解し、それを現実に当てはめるためには、**抽象を具体化する力**が必要です。この力は喩え話を作る際にも役立ちます。

数学を得意とする人は、日常的に複雑な抽象を具体的なイメージに変換することに慣れているため、喩え話を使って他者に説明するのも自然にできるようになるので

しょう。

また、数学を学ぶと、論理的に物事を分解し、**パターンを見つけるスキル**が磨かれます。

喩え話も、異なるものどうしに共通するパターンを見つけ出し、それを利用して説明をする手法です。数学的思考の訓練により、似たパターンを見つけてそれを使って説明することが得意になるため、喩え話を効果的に作り出すことができるのです。

さらに数学には、複雑な問題を**シンプルな原理に分解する力も必要**です。

このスキルも、喩え話を作る際に活きます。喩え話は、複雑な概念を簡単に伝えるためのツールだからです。

数学を得意とする人は、複雑な情報を簡素化して伝える訓練を積んでいるため、自然とシンプルでわかりやすい喩え話を作ることができるのだと思います。

《上手な喩えを作るポイント》

でも安心してください。

たとえ数学が苦手だったとしても、**ポイントを押さえれば誰でも上手な喩えが作れるようになります。**

ポイントを箇条書きにしてまとめてみましょう。

①**本質を捉える**

伝えたいメッセージの核心部分を捉え、それに適したイメージを選ぶことが重要です。本質が捉えられていないと、見当違いな喩えになってしまいますので注意してください。

②本質と共通点をもつ具体的な例を考える

抽象的な概念と共通点をもつ、できるだけ具体的で、かつ、身近な例を連想します。

③視覚的でシンプルなイメージを作る

喩えはシンプルで視覚的なものほど効果的です。複雑すぎる喩えは、かえって理解を妨げてしまうため、単純で明確なイメージを心がけましょう。

④普遍的な真理を含める

自然の法則や物理的な事実、誰の目にも明らかな事実をもとにすることで、喩えの説得力が増します。

冒頭で紹介した2つの喩えにも、闇が光によってなくなることや酸が容器を傷つけるという、普遍的な事実が使われています。

⑤名言や故事成句から学ぶ

過去の偉人たちの名言・故事成句には、優れた比喩表現が数多く含まれています。それらを参考にしながら、自身の比喩表現の幅を広げ、洗練させていきましょう。

⑥日常生活からインスピレーションを得る

日常生活の中にこそ、比喩表現のヒントが隠されています。身の回りの出来事や自然現象をよく観察し、そこからインスピレーションを得て、独自の比喩を生み出しましょう。

以上のポイントを踏まえた上で様々な比喩を試してみて、最も効果的なものを選び、洗練された表現になるまで磨き上げてください。

　可能なら、自身の比喩表現が相手にどのように伝わっているのか、積極的にフィードバックを求めましょう。客観的な意見を聞くことで、改善点を見つけ、より効果的な比喩表現へと磨き上げることができます。

解答例

　知識は、川の流れのようなもの。小さな源流がやがて大きな河となる。その力強い流れは、岩をも削り、地形を変えていく。

解説

　「知識は力なり」という言葉の**本質を捉える**ために、まずはその意味合いを深く探ってみましょう。この言葉は、未来に向けて知識を積み重ねていく人々へのエールです。現状では知識が乏しくても、努力を重ねて知識を蓄えていけば、いずれはそれが強大な力へと変化することを示唆しています。

　こうした内容を喩えるにあたり、「最初は小さくても、徐々に成長して大きな力をもつようになるもの」を連想してみましょう。**本質と共通点をもつ具体的な例を考えるわけです**。たとえば「雪だるま」も1つとして考えられますが、雪だるまからは「力強さ」というイメージはあまり感じられません。

私は、成長後に力強さを感じさせる存在……と考えを巡らせ、「川」を思い付きました。
　川は、山奥に湧き出す小さな水源から始まりますが、途中で他の支流と合流しながらやがて雄大な流れとなって海へと注ぎ込みます。川の成長は**視覚的でシンプルなイメージが湧きやすい上に普遍的な真理**ですから、納得感も高いでしょう。しかも、このように成長した川は周囲の地形を変えるほどの計り知れない力をもつ点も、知識のもつ力強さに共通しています。

帰納と演繹の使い分け

> **【問題37】**
>
> あなたは、営業部のマネージャーです。
> 最近、部下のAさんの営業成績が低迷しています。
>
> 〔情報〕
> Aさんは、入社3年目の若手社員で、これまで順調に実績をあげてきた。しかし、ここ3ヶ月、Aさんの受注件数は前年比で50％減少している。実際、Aさんは最近、顧客とのアポイントメントをキャンセルすることが増えている。また上司や同僚とのコミュニケーションも減っている。
>
> 上記の情報をもとに、帰納法を用いて、Aさんの営業成績が低迷している原因を推測してください。
> さらに、演繹法を用いて、Aさんの営業成績を向上させるための具体的な施策を3つ提案してください。

私たちは意識することなく「**抽象**」と「**具体**」の間を行き来しながら、日々、意思決定を行っています。

具体的な事例を抽象化し、そこから一般的に成り立つ法則やルールを導き出すこともあれば、逆に、一般的な法則を個々の具体的な例に当てはめて考えることもあるでしょう。

たとえば、「彼はいつも約束の時間に遅れてくるから、今日も遅れてくるだろう」と考えるのは、過去の具体的な経験から共通する要素を抽出し、抽象化して未来を予測していると言えます。これは、「具体」から「抽象」への思考法です。

一方、「夕焼けが見えたから、明日は晴れだろう」と考えるのは、「夕焼けの後は晴れ」という一般的に成り立つ事柄（観天望気：抽象化された法則）を、明日の天気という具体的な事象に当てはめています。これは、「抽象」から「具体」への思考法と言えるでしょう。

意思決定において、具体的な事象と抽象的な概念を自由に行き来する思考法は非常に重要です。本節では、この思考法を**意識的に行えるようになる**ことで、より効果的な戦略策定・課題解決を目指します。

《帰納法と演繹法》

「帰納法」という言葉をご存じでしょうか？　高校で数列を習った方は「数学的帰納法」という単元があったのをご記憶かもしれません。

帰納法とは、**個々の具体的な事例から、一般的な原理や法則を導く思考法**のことを言います。

たとえば「去年も一昨年もその前の年も桜は散った。だから桜は必ず散る」と推論するのは帰納法です。

帰納法と真逆の推論の方法を「**演繹法**」と言います。

演繹法は、**一般的な原理や法則を個々の具体的な事例に当てはめていく思考法**です。

桜の例で言えば、演繹法ではこうなります。「桜という

ものは必ず散るのだから、今年の桜も散るのだろう」。

どちらも、既知の事柄から未知の事柄を推論する方法ですが、そのアプローチの仕方は正反対であることに注意してください。

誤解を恐れずに言えば、**理科は帰納的、数学は演繹的**です。

たとえば、**アイザック・ニュートン（1642-1727）**は「リンゴが木から落ちる」という日常的な現象と、「月が地球の周りを回る」という天体の運動を、ともに「地球に向かって落ちている」という視点で捉えました。そして、これらの観察から「質量のある物体は互いに引き合う」という万有引力の法則を導き出しました。これは、具体的な事例から一般的な法則を導き出す帰納法の好例です。

一方、数学では、既に証明された一般的な定理を具体的な事例に適用して問題を解決します。たとえば、「二等辺三角形の底角は等しい」という定理を用いて、与えられた二等辺三角形の角度を具体的に求めるのは、演繹法的な思考と言えます。

第Ⅳ部　第10章　具体と抽象

《帰納法の弱点》

　帰納法も演繹法も広く使われている推論の方法ですが、どちらにも欠点があるので注意してください。

　帰納法の欠点は、すべての事例を検証するか、それと同等の論理的証明をしない限り、得られた抽象的な結論は必ずしも確実な真理ではない、という点です。

　帰納的なアプローチによって得られた抽象的な概念には「そうなる可能性が高い」といった確率的な要素が入っていることを忘れてはいけません。

　有名な例を紹介しましょう。

　かつてヨーロッパでは、17世紀中頃まで、すべての白鳥は白いと信じられていました。というのも、当時観測された白鳥はすべて白かったからです。しかし、1697年、オランダの探検家ウィレム・デ・ヴラミンがオーストラリアで黒い白鳥を発見しました。この発見は、長年信じられてきた「すべての白鳥は白い」という帰納的な結論を覆す、歴史的な出来事となりました。

　この「黒い白鳥」のエピソードは、帰納的推論の限界を示す例として、よく知られています。

　帰納法は限られた観察から一般的な結論を導き出す方法ですが、常に正しい結論に到達するとは限りません。

　ビジネスの世界においても、帰納法に基づく判断ミスは、思いもよらぬリスクを招く可能性があります。

　たとえば、あるコーヒーチェーンが東京、名古屋、大阪、福岡の各都市で成功を収めたとします。この成功体験から「当社のビジネスモデルは全国どこでも通用する」

と結論付けるのは帰納的な推論ですが、危険性を孕んでいます。

なぜなら、これらの都市での成功は、「大都市」という共通点に起因する可能性があるからです。地方都市に進出すると、予期せぬ困難に直面するかもしれません。

《演繹法の弱点》

一方の演繹法には、**そもそもの理論が間違っていたり、ある限定された範囲でしか使えない理論を、適用するのがふさわしくない事例に適用してしまったりする危険性**があります。

たとえば、19〜20世紀に流行した「社会ダーウィニズム」はその一例です。

「社会ダーウィニズム」は、ダーウィンの進化論、特に「自然選択」や「適者生存」といった概念を人間社会に適用しようとした試みでした。しかし、これは優生学や人種差別の正当化に悪用され、悲惨な結果を招いたことは歴史が証明しています。ダーウィンの理論はあくまで生物学的な進化を説明するものであり、倫理や政治を含む複雑な人間社会にそのまま適用できるものではなかったのです。

特に現代社会は変化のスピードが速く、過去のビジネスモデルや成功法則が通用しないケースがほとんどです。時代遅れとなった「法則」を現在の状況に無理やり当てはめようとするのは演繹法の誤用であり、危険な行為と言えるでしょう。

《帰納的思考と演繹的思考を組み合わせる》

ビジネスにおいて、状況や目的に応じて適切な思考法を選択することは非常に重要です。ここでは、帰納的思考と演繹的思考、それぞれの使い分けについてまとめます。

〔帰納的思考を活用すべき場面〕

- **市場や顧客の動向を分析する際**
  顧客データや市場調査の結果から新たなトレンドやニーズが捉えられれば、将来の動向を予測できるでしょう。
- **新しいアイデアや戦略を生み出す際**
  ブレインストーミングやアイデア発想において、多様な情報から、共通点やパターンが見出せれば、革新的なアイデアや戦略に繋がる可能性が高まります。

〔演繹的思考を活用すべき場面〕

- **既存のルールや方針に基づいて判断を下す際**
  会社の経営方針や法規制を前提として、具体的な行動計画を策定するのに役立ちます。
- **問題解決の道筋を明確にする際**
  問題の原因を分析し、既存の知識や理論に基づいて解決策を導き出すことで、論理的で説得力のある提案を行うことができます。

効果的なビジネス戦略を立てるためには、**帰納的思考**

と演繹的思考を組み合わせることが重要**です。

　まず、帰納的思考を用いて市場調査やデータ分析を行い、顧客ニーズや市場のトレンドを把握します。そして、得られた洞察をもとに、演繹的思考を用いて具体的な製品開発やマーケティング戦略を立案します。

　たとえば、市場調査から健康志向の高まりというトレンドを帰納的に捉え、そのトレンドに合致(がっち)した健康食品を開発するという戦略を演繹的に計画する、といった具合です。

　このように、両方の思考法をバランス良く活用することで、より的確で効果的なビジネス戦略を構築することができます。

[解 答 例]

〔帰納法による原因推測〕

　Aさんの受注件数減少、アポイントメントキャンセル増加、コミュニケーション減少といった情報から、**Aさんはなんらかの原因でモチベーションが低下している**と推測できる。

　考えられる原因としては、**仕事上のストレス、プライベートの問題、体調不良**などがあげられる。

〔演繹法による施策提案〕
・理論1：モチベーションの低下は、パフォーマンスの
　　　　　低下に繋がる。
・理論2：ストレスや不安を軽減することで、モチベー

ションは向上する。
・理論３：コミュニケーション不足は、問題の早期発見を遅らせる。

〔**具体的な施策**〕
①Ａさんと面談を行い、状況をヒアリングする。
　仕事上の課題や悩みを聞きとり、具体的な解決策を一緒に考える。プライベートで問題を抱えている場合は、相談できる窓口を紹介する。

②Ａさんの負担を軽減する。
　業務量を調整したり、サポート体制を強化したりする。必要に応じて、休暇を取得させる。

③チーム全体でコミュニケーションを活性化する。
　定期的なミーティングや交流イベントなどを開催し、気軽に相談できる雰囲気を作る。

解説

　Ａさんの周りに起きている具体的な事象に共通する「モチベーションの低下」という原因を、帰納的に推測しました。
　さらに、一般に正しいとされている理論をもとに、Ａさんの営業成績を向上させるための方法を演繹的に提案しています。

トポロジー的発想

> 【問題38】
> ある会社が製造業からサービス業への転換を検討しています。製品とサービスを「同じ」と見なせる視点を見出し、スムーズな転換戦略を提案してください。

　何かを理解したいとき、近付いて対象を詳しく調べようとするのは自然なことでしょう。でも、至近距離で相手を緻密に見ようとするミクロな視点では本質が見えて来ないこともあります。「木を見て森を見ず」という言葉がありますが、細部にこだわりすぎるあまり、全体像をつかみそこねてしまうのです。

　そんなときは、細かい「違い」は気にせずに、大胆に対象を見る手法が必要になります。

　この節でご紹介する「**トポロジー**」はまさにそういう、ラフな視点から生まれた数学です。

《トポロジーとは》

　20世紀初頭、フランスの数学者**アンリ・ポアンカレ**（1854-1912）は、「宇宙の形」を探求するという壮大な目標を掲げ、革新的な幾何学である**トポロジー**（位相幾何学）を創始しました。

　トポロジーでは、ゴム膜や粘土のような素材でできたAという図形を、切ったり貼り付けたりすることなく連

続的に変形させて別の図形Bが作れるとき、AとBは「同じ形」(正確には「同相」)であると見なします。

例として、やわらかい素材でできたドーナツ状の図形を考えてみましょう。これを下の図のように変形していくと、最終的にはマグカップの形になります。

驚くべきことに、トポロジーの観点から見ると、ドーナツとマグカップは「同じ形」なのです。

トポロジーは、しばしば**「やわらかい幾何学」**と形容されますが、この「やわらかい」には2つの意味があります。

1つは、扱う図形の素材がやわらかいという意味。そしてもう1つは、ふつうは「異なる」と認識されるものを「同じ」と見なす柔軟な思考が求められるという意味です。

例にあげたコーヒーカップとドーナツは、一見まったく異なる形状をしています。しかし、どちらも「穴が1つある」という共通点をもつため、トポロジーではこれらを「同じ」と見なします。

外見にとらわれず、本質を見抜く思考の柔軟性こそ、トポロジーの核心です。

　今やトポロジーは、現代科学の諸分野はもちろん、AIや画像認識、ネットワークの技術などにおいても欠かせない理論になりました。

　常に新しい視点や発見を求めるビジネスパーソンにとっても、そんなトポロジーに学ぶところは少なくないでしょう。

　次に、トポロジー的な柔軟な発想が業界に革新を起こした例を紹介します。

《Nike と Apple のコラボレーション》

　2006年当時、Nike の CEO、マーク・パーカーと Apple の CEO、スティーブ・ジョブズはどちらも、**デザインとイノベーションを通じて最高のユーザー体験を提供する**ことに強い情熱を抱いていました。両社の**共通のビジョン**から生まれたのが、2006年5月に発表された「Nike + iPod」です。

　この革新的な製品は、Nike のシューズに装着されたセンサーと iPod nano に接続するための受信機を組み合わせることで、ランニング中のデータをリアルタイムで収集・表示することを可能にしました。

　音楽とフィットネスを融合させるという斬新なアイデアは、ユーザーにまったく新しいランニング体験を提供し、スポーツとテクノロジーの融合の先駆けとなりました。

　Nike + iPod は、その後のウェアラブルデバイスの発

展に多大な影響を与え、市場から高い評価を獲得。2007年には、世界三大広告賞の1つであるカンヌライオンズで栄誉あるクリエイティビティ・アワードを受賞しています(「Nike +」として)。

この成功は、Nikeのブランド価値向上に貢献しただけでなく、Appleが健康・フィットネス分野に進出する足掛かりともなりました。

両社のコラボレーションは、テクノロジー業界とスポーツ業界の連携における輝かしい成功例として、今日でも高く評価されています。

畑違いのNikeとAppleがコラボレーションできたのは、作っている製品はまったく違っても、根底にある企業ビジョンが「同じ」であることを見抜いた、まさにトポロジー的発想であると言えるでしょう。

トポロジー的発想は、**固定観念にとらわれず、自由な発想を生み出す**ために役立つのです。

《**トポロジー的発想を育む方法**》

では、難しい数学を勉強することなく、ビジネスパーソンがトポロジー的発想を育むにはどうしたら良いのでしょうか？　必要なのは、物事を抽象的に捉える訓練です。ここでは4つ、トレーニング方法を紹介します。

①概念の共通点を見つける

たとえば、「顧客満足度」と「従業員満足度」のように、一見異なる概念の共通点を探してみましょう。

共通点を見つけることで、本質的な課題や解決策が見

えてくることがあります。

②問題を単純化する

複雑な問題を、単純なモデルや図式で表現してみましょう。問題の本質を捉え、よりわかりやすく整理することができます。

たとえば、組織図やフローチャートなどを活用してみましょう。

③比喩を使う

本章で紹介した「上手な喩えの作り方」は、複雑な事柄をわかりやすく説明したり、抽象的な概念を具体的にイメージしたりするのに役立ちます。

たとえば、「企業は生き物だ」という比喩のように、組織を有機体として捉えることで、組織の成長や変化をより深く理解することができます。

④フレームワークを活用する

第6章で紹介したマトリックスのようなフレームワークを活用することで、物事を多角的に分析することができます。そして、異なる事例の中に共通の構造を見つけることができるでしょう。

解答例

- **製品のサービス化**
  製品を所有モデルからサブスクリプションや利用ベースのモデルに移行する。

例）印刷機メーカーが、機器販売から印刷サービスの提供へ転換する。
・**製品を中心としたエコシステムの構築**
製品を核として、関連するサービス群を開発する。
例）スマートフォンメーカーが、端末を中心にアプリ開発、クラウドストレージ、カスタマーサポートなどのサービスを展開する。
・**ハイブリッドモデルの採用**
完全な転換ではなく、製品とサービスを組み合わせたソリューションを提供する。
例）農業機械メーカーが、機器販売と農業コンサルティングサービスを組み合わせて提供する。

解説

この解答例では、製品とサービスを「**顧客価値を提供する手段**」という**共通の特性**をもつものとして捉えています。

これはまさに、ドーナツとコーヒーカップを「1つ穴の立体」として同一視する**トポロジーの考え方を応用した**ものです。

この視点を活用することで、製造業からサービス業への転換を、単なる業態の変更ではなく、顧客価値提供の形態の連続的な変化として捉えることができます。

これにより、既存の強みを活かしながら、新しいビジネスモデルへとスムーズに移行する戦略を立てることが可能になるでしょう。

第 11 章

微分・積分的発想を身につける

ねらい

微分とは、物事を細かく分解し、その変化や動きを捉える考え方です。まるで顕微鏡で世界を覗き込むように、**ミクロな視点**で細部まで観察し、本質を見抜く力を養います。

一方の**積分**は、**マクロな視点**から、バラバラな情報を集約し、全体像を把握する考え方です。ジグソーパズルを組み立てるように、1つ1つのピースを繋ぎ合わせることで、大きな絵を描き出すことができます。

さらに、微分と積分の両者を繋ぐ「**微積分学の基本定理**」についても解説していきます。

これらの概念を理解し、思考に取り入れることで、複雑な問題をシンプルに整理し、新たな発想を生み出すことができるでしょう。ミクロとマクロ、両方の視点をもつことで、物事の本質を捉え、より深い理解へと繋がる道が開けていきます。

第IV部　第11章　微分・積分的発想を身につける

微 分

> **【問題39】**
> 　あなたは、新しい広告キャンペーンの効果を分析する必要があります。
> 　広告費を増やすほど、商品の認知度が上がり、販売量も増える可能性があります。しかし、広告費には上限があり、際限なく増やすことはできません。
> 　どのような方法で広告費を設定すれば、費用対効果を最大化できるでしょうか？

　ビジネスの世界で成功を収めるためには、「微分」と「積分」の概念に通じる**ミクロとマクロの視点**を使いこなすことが不可欠です。この2つの視点は、数学の世界だけでなく、意思決定の場面でも驚くほど有効に機能します。

　この節では特に「ミクロな視点」について詳しくお話しします。

《微分は「ミクロな視点」》

　ビジネスの世界では、とかく全体像を把握すること、すなわちマクロな視点が重要視されがちです。しかし、真の進化、改善を遂げるためには、ミクロな視点も同様に欠かせません。

　ミクロな視点とは、**物事を可能な限り細かく分解し、その1つ1つを徹底的に観察する**視点です。まるで地面を

這う虫のように、細部に至るまで注意深く見極めることで、隠れた問題点や改善のヒントが見えてきます。

たとえば、新製品の開発において、顧客からのフィードバックを分析する際、全体の意見だけを見て「概ね好評」と判断するのは危険です。個々の意見にしっかりと目を向け、「使いにくい」と感じた人がいたのか、具体的な不満点は何かを突き止める必要があります。

製造現場においても、ミクロな視点は重要です。製品の品質管理において、不良品が発生した場合、全体の不良率だけでなく、個々の不良品を詳細に分析することで、真の原因究明に繋がります。どの工程で、どのようなミスが発生したのかを突き止めることで、再発防止策を講じ、品質向上を図ることができるわけです。

このように、ミクロな視点は、問題解決や改善のための重要な手がかりとなります。細部へのこだわりこそ、より良い製品やサービスを生み出し、顧客満足度を高める鍵となるのです。

《ミクロな視点がもたらした成功》

1973年にセブン－イレブン・ジャパンを創業した鈴木敏文氏は、小売業界に新たな風を吹き込む**「単品管理」**という手法を導入しました。これは、従来のカテゴリー単位での管理とは一線を画し、個々の商品を徹底的に管理する画期的な手法です。

この単品管理を実現するため、各店舗にはPOSシステムが導入されました。POSシステムは、商品の販売状況を詳細に記録し、本部へと伝達します。本部はこれに基

づいて各店舗へ的確な指示を出します。

　特定の地域で人気のある商品を重点的に供給する一方で、売れ行きの悪い商品は陳列場所を変更したり販売中止にしたりするわけです。

　さらに、セブン-イレブンは現場の従業員の意見を重視し、アルバイトやパート従業員にも、担当商品の発注や陳列について裁量を与えています。これは、顧客と日々接する従業員だからこそ得られる貴重な情報を、商品管理に活かすためです。

　この徹底した単品管理は、セブン-イレブンが顧客満足度向上、売上増加、店舗運営の効率化、そして競争優位性の構築といった、数々の成功を収める要因となりました。

　単品管理は、ミクロな視点から顧客ニーズを捉え、徹底的に無駄を排除することで、大きな成果を生み出した好例と言えるでしょう。

《微分することで隠れた情報が明らかになる》

　ミクロの世界を覗き込む数学、それが「微分」です。

　週末のドライブを想像してください。東京から熱海まで、約100kmの道のりを車で走るとします。2時間かけて到着したのなら、平均速度は時速50kmですね。

　しかし、実際には速度は常に変化していたはずです。東京の市街地では時速20kmほどでゆっくり走っていた時間帯もあったでしょう。サービスエリアで休憩したり、景色の良い場所で車を停めて写真を撮ったりしたときの速度は時速0kmになります。一方、高速道路では時速

80km、あるいは時速100kmを超える速度で走っていた区間もあったかもしれません。

このように、東京から熱海までのドライブを細かく見ていくと、平均速度は時速50kmでも、実際の速度はいろいろと変化していたことがわかります。

この「細かく見ていく」という視点こそ、微分の本質です。

微分は「微かに分ける」と書きます。**全体を可能な限り細分化し、それぞれの瞬間における変化の度合いを調べるのが微分なのです。**

ドライブ全体の平均を見るのではなく、ある瞬間、ある1点における速度の変化に注目すれば、高速道路のある地点を通過した瞬間の速度、サービスエリアを出発した瞬間の加速、渋滞に巻き込まれたときの減速など、様々な変化を捉えることができます。

微分を使うことで、刻一刻と変化する様子を分析し、より深く理解することができるのです。

今回のドライブで言えば、どの区間で最もスピードが出ていたのか、どの区間で最も時間がかかったのか、速度の変化が最も激しかったのはどこかといったこともわかるでしょう。

このように、微分は、一見複雑に見える現象を細かく分解して分析することで、隠れた情報を明らかにし、より良い理解と判断を可能にしてくれます。

以上を、グラフを使って説明すると、こうです。

たとえば上のグラフのように「あるもの」がAからBまで変化したとします。
　先ほどのドライブの例で「東京から熱海までの平均速度は時速50km」と考えるのは、このグラフのAとBを直線で結んでしまうようなものです。これでは途中の様子、つまり詳細な変化の過程はわかりません。

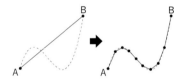

　そこで、A地点からB地点までの区間を細かく分割し、それぞれの区間における変化を直線で結んでみます。こうすることで、もとの変化の様子が詳しく見えてきます。
　この区間をさらに細かく、限りなく分割していく操作こそが「微分」です。微分によって、対象の変化の詳細がより正確に捉えられます。

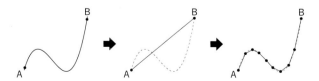

改めてグラフで見てみましょう。前頁下の一番左の図のようにAからBまで変化した「あるもの」があったとします。

　AとBを直線で結んでしまうと、この「あるもの」の正体はわかりません。

　そこで、もっと細かい区間に分けて、それぞれの点を結んでみます。今度はだいぶ本来の「あるもの」に近い形が見えてきます。この区間をもっともっと短くしていくのが微分です。

解答

　広告費をほんの少しだけ増やしたときに、利益がどのように変化するかを分析する。

・広告費を増やしたときに利益が増える場合
→さらに広告費を増やすことを検討する
・広告費を増やしたときに利益が減る場合
→広告費を減らすことを検討する

　このプロセスを繰り返してピークを探す。

解説

　費用対効果を最大化するためには、広告費をほんの少しだけ増やしたときに、利益がどのように変化するかを分析する必要があります。

　ポイントは「**ほんの少しだけ**」の変化に着目すること

です。

　仮に実際の広告費と利益の関係が次のグラフのようになっているとしましょう。

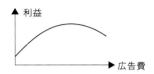

　もちろん実際にはこの関係は未知であり、広告費と利益の関係を把握するために、様々な広告費を試すことになります。

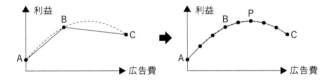

　しかし、試す際の広告費の間隔(かんかく)が広すぎると、左のグラフのように、B点が最大利益であると誤って判断してしまうリスクがあります。そうならないためには、広告費をほんの少しだけ変化させて、利益の変化を細かく追跡する**ミクロな視点（微分の概念）**が必要です。

　このようにすれば、右のグラフのように、真のピークであるP点を見つけることができるでしょう。

積分

【問題 40】
　あなたは、新しくオープンしたカフェの店長です。
　開店前、あなたは「1 日の平均の客単価は 800 円、来客数は 100 人」と大雑把に考えて、1 日の売上を「800×100＝80,000 円」と予測していましたが、実際は大きく違いました。
　もっと精度の良い予測をするためにはどうしたら良いか考えてください。

　前節では、物事をミクロな視点で捉えることの重要性について述べました。しかし、細部ばかりに気をとられて重箱の隅をつつくようなことをしていると、大切なポイントを見落としてしまうこともあります。

　昔から「木を見て森を見ず」という言葉がありますが、細かい部分にとらわれすぎて全体像を見失い、重要な本質を見逃してしまうのは避けなければなりません。そうならないためにも、ミクロな視点に加え、マクロな視点も同時にもつことが求められます。

《積分は「マクロな視点」》

　ミクロな視点が「虫の目」だとすれば、マクロな視点は「鳥の目」です。マクロな視点とは、高い空から地上を見下ろす鳥のように、**物事を俯瞰的に捉え、全体像を把握する視点**です。

高く舞い上がる鳥は、地上を俯瞰し、広大な景色を一望に見渡します。森羅万象を包み込む雄大なパノラマでしょう。

そんな鳥の視点に憧れる人は多いと思いますが、漫然と俯瞰するだけでは、少なくともビジネスに資するような気付きは得られません。単に解像度の低いイメージが得られても、具体的な行動に繋がるような指針は得られないからです。

空中から撮影された花火の4K動画や8K動画をご覧になったことがあるでしょうか？　あの息を呑む美しさは、細部がはっきり見えるからこそ得られるものです。どこまで目を凝らしても明瞭な細部の積み上げで全体が構成されていることを知るとき、その情報量の多さに私たちは圧倒され、心を揺り動かされます。

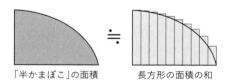

「半かまぼこ」の面積　　　　長方形の面積の和

実は数学の「**積分**」も「**細かく分けたものを積み上げる**」**ことで全体をつかもうとする概念**です。

積分は曲線で囲まれた図形の面積を、細い長方形の足し算として計算します。

たとえば、上図の左の「かまぼこを半分にしたような図形」があるとしましょう。このままでは面積を計算するのは困難ですが、積分はこの面積を細かく分けた長方

形の面積の和と考えます。

　もちろん誤差はありますが、**長方形が細くなればなるほど、誤差は小さくなります。**

　こうした積分の概念は、実は、私たちの周りに深く関わっています。

　たとえばCTスキャンは、身体の断面を細かく撮影し、そのデータを積分する（積み上げる）ことで、臓器の立体的な画像を構築します。また、ダムの貯水量を計算する際にも、水深の微小な変化を捉え、それらを積分することで、正確な値を導き出しています。

　AIやビッグデータ解析の分野においても、膨大なデータを分析し、未来を予測するタスクには、積分のロジックが欠かせません。個々のデータポイントは、まるで鳥の目から見た地上の細部の１つ１つです。それらをきちんと積分することで、全体像を浮かび上がらせ、未来への道筋を描くのに役立てています。

　鳥のように高い視点から全体像を把握し、同時に、足元の細部にも目を向ける。そんな積分というレンズを通して、世界を多角的に捉えることで、新たな発見とイノベーションが生まれるのではないでしょうか。

《マクロな視点がもたらした成功》

　一見、些細に思える要素を丁寧に積み重ねていくことで、大きな成果へと繋がる。この積分の考え方を体現したビジネス戦略の１つに、「**ロングテール戦略**」があります。

　ロングテール戦略とは、**ニッチな需要がある商品を数**

多くとりそろえることで、全体として大きな売上を獲得することを目指す戦略です。

　従来のビジネスモデルでは、限られた店舗スペースや販売チャネルなどの制約から、どうしても人気商品に注力しがちでした。しかし、インターネットの普及により、実店舗をもたずに膨大な量の商品を扱うことが可能になったことで、ロングテール戦略は現実的な選択肢となりました。

　この戦略を巧みに活用し、成功を収めた企業として、Amazon、Netflix、IKEAなどがあげられます。

　Amazonはロングテール戦略の代表的な成功例です。初期のオンライン書店としてスタートしたAmazonは、インターネットを活用することで実店舗のスペースに縛られず、膨大な種類の商品を取り扱うことが可能となりました。これにより、売れ筋商品だけでなく、ニッチな需要にも応えることができ、全体の売上を大きく伸ばしています。

　Netflixはデジタルコンテンツを扱うビジネスモデルでロングテール戦略を成功させています。VOD（Video On Demand）サービスを提供することで、多数の映画やテレビ番組をラインナップに加え、ユーザーが多様なコンテンツを楽しめる環境を整えています。在庫リスクがほぼなく、サーバー容量を増やすことで簡単にコンテンツを追加できるため、広範なニッチ市場に対応できています。

　IKEAはロングテール戦略を実店舗と倉庫管理に組み合わせて成功させています。売場と倉庫を一体化するこ

とで、多数の商品を効率的に管理・展示し、顧客の多様なニーズに応えています。これにより、限られた売場スペースを最大限に活用しつつ、幅広い商品ラインナップを提供することが可能となっています。

ロングテール戦略は、積分の概念のように、小さな要素を積み重ねることで大きな成果を生み出す、言わば**ミクロな視点に立脚したマクロな視点**の戦略と言えるでしょう。

解答例

1日を細かくいくつかの時間帯に分けて、それぞれの時間帯の来店人数と客単価を予測する。

解説

たとえば、次のように予測します。

時間帯	来店数（人）	客単価（円）	売上（円）
8時～10時	10	400	4,000
10時～12時	15	600	9,000
12時～14時	30	1,000	30,000
14時～16時	20	800	16,000
16時～18時	10	600	6,000
18時～20時	10	400	4,000
合計			**69,000**

1日の売上を予測するために、1日を分割し、各時間帯の売上を予測しました。そして、それらを合計することで、1日の全体像を把握しようとしています。

このようにすれば、より精度の高い予測になることが

期待できますし、経験を積むにつれて各時間帯ごとの来客数や客単価を微調整すれば、さらに精度は高まるでしょう。
　これは、まさに積分の概念、すなわち「細かく分けたものを積み上げて全体をつかむ」を実践している例だと言えます。

微積分学の基本定理

【問題41】
あなたは中規模の製造会社でプロジェクトマネージャーを務めています。最近、製品の品質にばらつきが見られ、顧客からのクレームが増加しています。この問題を解決するためのアクションプランを策定してください。ただし、アクションプランは「ミクロからマクロへ、そしてミクロへ戻る」という指針に基づくものとします。

この章では、微分に繋がるミクロな視点と積分に繋がるマクロな視点についてお話ししてきました。

これら相反する2つの視点は、互いを表裏一体のものとして捉えることで真価を発揮します。

それはまさに、数学の歴史において微分と積分が「微積分学の基本定理」によって結び付いたことで真価が発揮されるようになったことと同じです。

「微積分学の基本定理」とは、**微分と積分**が、足し算と引き算のように、**互いに逆の演算である**ことを示す定理です（後で詳しく解説します）。

《ミクロとマクロ》

ミクロな視点とマクロな視点は、一見相反する概念のように思えるかもしれません。しかし、真に物事を理解し、高いレベルに進化させるためには、この2つを**統合**

的に活用することが不可欠です。

それは、地図を読むことに似ています。

広域地図で全体の位置関係を把握した後、詳細地図で目的地の周辺情報を確認することで、初めてスムーズに目的地に辿り着くことができるでしょう。

ビジネスにおいても同様に、マクロな視点で全体像を把握し、ミクロな視点で細部を検証することで、より的確な判断、より効果的な行動が可能になります。

前節で紹介した積分も、**ミクロな視点で捉えた細部をマクロな視点で積み上げること**に意味がありました。

たとえば、新しいマーケティング戦略を立案する際、まずマクロな視点で市場全体のトレンドや顧客ニーズを分析します。その上で、ミクロな視点で個々の顧客の属性や購買行動を分析し、ターゲットを絞り込んだ上で、効果的な広告展開やプロモーション施策を検討します。

また、組織マネジメントにおいても、ミクロとマクロの両方の視点が重要です。リーダーは、組織全体の目標達成に向けて、マクロな視点で戦略を策定し、方向性を示す必要があります。同時に、ミクロな視点で個々のメンバーの能力やモチベーションを把握し、適切な指導やサポートを行うことで、組織全体の活性化を図ることも可能です。

ミクロとマクロ、2つの視点をバランス良く活用することで、物事の本質を見抜き、より的確な判断、より効果的な行動が可能になります。これは、スポーツ、芸術、そしてビジネスなど、あらゆる分野において共通する**成功法則**です。

《微分と積分の起源》

ミクロな視点とマクロな視点の両方を自由に使いこなすことの計り知れない威力は、数学の「**微積分学の基本定理**」が教えてくれます。

現代では、微分と積分は「微積分」と一まとめに呼ばれ、一体のものとして扱われていますが、歴史を繙くと、両者はまったく異なる起源をもっています。

先に生まれたのは「積分」の方です。

紀元前の古代エジプト、ギリシャ、そして中国などでは、円のように曲線で囲まれた図形の面積や、球のように曲面で囲まれた立体図形の体積を計算する必要性から、「**細かく分けたものを積み上げる**」という積分の発想が生まれました。

たとえば、円を無数の細い扇形に分割し、それらを並べ替えることで、近似的に長方形の面積として計算する、といった方法が用いられました。

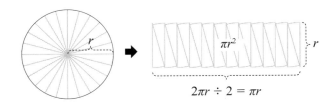

一方、「微分」の概念が芽生えるのは **12 世紀のインド**です。**バースカラ 2 世（1114-1185）** が、曲線上の 2 点を通る直線は、その 2 点を近くに寄せれば寄せるほど接

線(曲線にただ 1 点で触れているだけの直線)に近付く、という重要な発見をしました。これは、「**曲線を可能な限り細分化し、それぞれの瞬間における変化の度合いを調べる**」という微分の考え方に通じる画期的なアイデアでした。

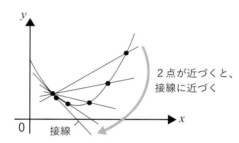

2 点が近づくと、接線に近づく

接線

このように、積分と微分は、それぞれ面積や体積の計算、接線の決定といった異なる問題意識から生まれたものです。この 2 つの一見無関係な概念が真価を発揮するのは、17 世紀に入ってからのことでした。

《微積分学の基本定理の発見》

アイザック・ニュートンとゴットフリート・ライプニッツ(1646-1716)という 2 人の天才が、それぞれ独自に「**微積分学の基本定理**」と呼ばれる重要な定理に辿り着いたことで、数学の世界に革命が起きました。

それは、簡単に言うと、「**微分と積分は表裏一体の関係にある**」という発見でした。

「微積分学の基本定理」を理解するために、貯金に喩えてみましょう。

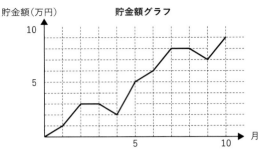

　上のグラフは10ヶ月間の**貯金額**（万円）の変化を表したものです。この「貯金額グラフ」を深く理解するためには、最初と最後の貯金額だけでなく、毎月どのように貯金額が増減したのかを知る必要があります。そんなときに役立つのが「微分」です。貯金額グラフを細かく（1ヶ月単位に）分割し、それぞれの区間で変化の度合いを調べてみましょう。ここでは、1ヶ月あたりの貯金額の変化の度合いを**貯金率**（万円／月）と呼ばせてください。

　下のグラフは貯金率をグラフにまとめたものです。

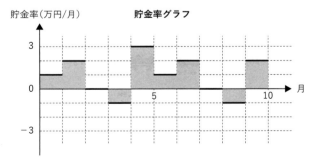

次に、「貯金率グラフ」において、グラフと時間軸で囲まれた図形（グレーの部分）の面積を求めてみましょう。図形を細い長方形に分割し、それぞれの面積を足し合わせる「積分」によって計算できます。ただし、横軸より下にある部分の面積は「負の面積」として扱います。以下の表は計算結果をまとめたものです。

貯金率グラフの面積

期間（月）	面積（万円）	累計面積（万円）
0〜1	1	1
1〜2	2	3
2〜3	0	3
3〜4	−1	2
4〜5	3	5
5〜6	1	6
6〜7	2	8
7〜8	0	8
8〜9	−1	7
9〜10	2	9

《驚くべき表裏一体の関係》

ここまでの流れを整理すると

1．貯金額グラフを微分
→貯金率グラフを作成

2．貯金率グラフを積分
→貯金率グラフの面積の表を作成

となります。
面白いのはここからです。

貯金率グラフの面積の表にある各累計面積は、貯金額グラフにおける当該月の貯金額と一致しています。

たとえば、最初から4ヶ月までの累計面積は2万円ですが、これは貯金額グラフの4ヶ月時点での貯金額とまったく同じです。

つまり、貯金額グラフを微分して得られた貯金率グラフを積分すると、もとの貯金額グラフに戻ってしまうのです。もちろん逆に、貯金率グラフを積分することによって得られた貯金額グラフを微分すると貯金率グラフに戻る、とも言えます。

微積分学の基本定理とは、まさにこのことを言っています。

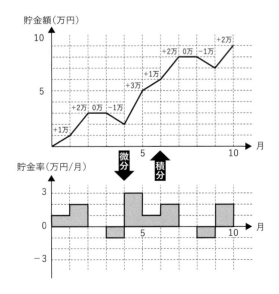

第Ⅳ部　第11章　微分・積分的発想を身につける

　ニュートンとライプニッツが登場する以前、数学者達は微分と積分をまったく別の計算手法として捉えていました。たとえば、ある関数Aを微分して関数Bを得たとき、関数Bを積分すれば、当然関数Aとは異なる関数Cが得られると考えられていたのです。

　ところが、実際には関数Aを微分して得られた関数Bを積分すると、もとの関数Aに戻ってしまうという驚くべき事実が明らかになりました。これは、まるで牛肉の塊を焼いた後、蒸し器で蒸したらもとの生(なま)の牛肉に戻ってしまうような、当時の常識では考えられない現象でした。多くの数学者が「一体なぜ？」と驚き、困惑したのは想像に難くありません。

　微積分学の基本定理の発見はそれくらい衝撃的なことだったのです。

「微積分学の基本定理」は、ミクロな視点である「虫の目」とマクロな視点である「鳥の目」が、実は表裏一体の関係にあることを明らかにしたのです。

　これにより、微分によって得られた局所的な情報から、積分によって全体像を把握することが可能になる一方、逆に全体像から局所的な情報を導き出すことも可能になりました。

　この画期的な発見は、微分と積分を互いに補完し合う関係へと昇華させました。今日では数学の枠組みを超えて、物理学、工学はもちろんのこと、経済学や心理学に至るまで、様々な分野で応用される強力なツールとして活用されています。

解答例

1. 問題の把握(ミクロな視点)

製造プロセスの各ステップを詳細に分析し、品質に影響を与えている可能性のある要因を洗い出す。

例)・原材料の品質
  ・作業員のスキルレベル
  ・機械のメンテナンス状況
  ・検査工程の精度
  ・作業環境
  ・工程間の連携

2. 全体像の把握(マクロな視点)

現在の業界のトレンドや市場の競争状況を調査。

例)・業界全体の品質基準
  ・競合他社の品質管理体制
  ・市場における顧客の品質に対する要求レベル

3. 具体的な改善策の策定(ミクロへ戻る)

マクロな視点で得られた知見をもとに、ふたたびミクロな視点に戻り、具体的な改善策を策定。

例)・原材料の品質向上:サプライヤーとの連携強化、受入検査の厳格化
  ・作業員のスキル向上:教育訓練プログラムの実施、資格取得の奨励
  ・機械のメンテナンス強化:定期的な点検・修理、最新設備の導入
  ・検査工程の精度向上:検査機器の更新、検査員の増員
  ・作業環境の改善:温度・湿度管理、清掃の徹底

・工程間の連携強化：情報共有システムの導入、コミュニケーションの活性化

解説

「**ミクロからマクロへ、そしてミクロへ戻る**」。これは、すべてのことを高いレベルに進化させる方法であると言っても過言ではありません。この理念は「微積分学の基本定理」の概念と重なり合う部分が多く、ビジネスにも通じる普遍的な真理と言えるでしょう。

物事を進化させるためには、まずミクロな視点で細部を徹底的に観察し、現状を正確に把握することが重要です。しかし、ミクロな視点だけでは、視野が狭くなり、全体像を見失ってしまう可能性があります。そこで、マクロな視点で全体を俯瞰し、現状をより広い視野で捉え直す必要があるのです。

そして、マクロな視点で得られた新たな知見をもとに、ふたたびミクロな視点に戻り、個々の要素を再検証することで、より深い理解とより的確な判断が可能になります。

このサイクルを繰り返すことで、螺旋階段を昇るように、物事を一段階ずつ高いレベルへと進化させていくことができるでしょう。

おわりに

　本書『【数学的】意思決定トレーニング』を最後までお読みいただき、誠にありがとうございました。
　数学的な思考法を意思決定に活かすという本書の試みは、読者の皆さまに、どのように映ったでしょうか。抽象的な数学の概念が、実は私たちの日常的な判断に深く関わっていることを、少しでも実感していただけたのなら、大変嬉しく思います。
　数学という学問は、とかく「学生時代に苦手だったもの」や「専門家が扱うもの」というイメージをもたれがちです。
　しかし、数学は決して一部の人のためだけのものではありません。情報を整理し、論理的に考え、未来を予測するためのスキルは、あらゆる人の生活や仕事に役立つものです。
　これらのスキルを身につけ、実生活に応用できるようになることこそが、数学を学ぶ最大の意義であると、私は常々思っています。
　本書の執筆は、私自身にとりましても、改めて数学の魅力と可能性を考える時間になりました。貴重な執筆の機会をいただけましたことに、この場をお借りして深く御礼申し上げます。
　本書の内容は、一度読んで終わりというものではありません。日々の意思決定や問題解決の場面で、ぜひ繰り

返し活用していただければと思います。

　たとえば、複雑な情報を整理するときには第1章を振り返り、確率や期待値を考える際には第8章を読み返すなど、本書が皆さまの「道具」として役立てば幸いです。

　最後になりますが、本書を通じて皆さまとご縁をいただけたことを心より感謝しております。また、別の機会に、別の形でお会いできる日を楽しみにしています。

　そのときには、さらに深い学びや新たな視点をお届けできるよう、私自身も成長を続けていきたいと思います。

　改めまして、最後までお付き合いいただき、本当にありがとうございました。本書が、皆さまの人生に少しでも良い影響を与えられることを願って、筆を擱きます。

2024年12月

永野裕之

永野裕之(ながの・ひろゆき)

永野数学塾塾長

1974年、東京都生まれ。暁星高等学校を経て、東京大学理学部地球惑星物理学科卒業。高校時代には広中平祐氏主催の「数理の翼セミナー」に東京都代表として参加。東京大学大学院宇宙科学研究所(現JAXA)中退。レストラン(オーベルジュ)経営に参画した後、野村国際文化財団の奨学金を得てウィーン国立音楽大学(指揮科)へ留学。帰国後は帝国劇場、東京二期会、兵庫県立芸術文化センター、ベトナム国立交響楽団などで指揮活動に従事。現在は個別指導塾・永野数学塾(大人の数学塾)の塾長を務める。わかりやすく熱のこもった指導ぶりがメディアでも紹介され、話題を呼んでいる。著書に『とてつもない数学』(ダイヤモンド社)、『ふたたびの高校数学』(すばる舎)、『大人のための「中学受験算数」』(NHK出版新書)、『一度読んだら絶対に忘れない数学の教科書』(SBクリエイティブ)、『東大→JAXA→人気数学塾塾長が書いた 数に強くなる本』(PHP文庫)などがある。

PHPビジネス新書 475

いつも決断に自信がもてない人のための
【数学的】意思決定トレーニング
情報の整理から微分・積分的発想まで

2025年1月29日　第1版第1刷発行

著　　　者	永　野　裕　之
発　行　者	永　田　貴　之
発　　　行	株式会社ＰＨＰ研究所

東京本部　〒135-8137　江東区豊洲 5-6-52
　　　　　　　　ビジネス・教養出版部 ☎ 03-3520-9619（編集）
　　　　　　　　普及部 ☎ 03-3520-9630（販売）
京都本部　〒601-8411　京都市南区西九条北ノ内町 11
PHP INTERFACE　　　https://www.php.co.jp/
装　　幀　　齋藤　稔（株式会社ジーラム）
組版・図版作成　石　澤　義　裕
印　刷　所　　株　式　会　社　光　邦
製　本　所　　東　京　美　術　紙　工　協　業　組　合

© Hiroyuki Nagano 2025 Printed in Japan　　ISBN 978-4-569-85842-5
※本書の無断複製（コピー・スキャン・デジタル化等）は著作権法で認められた場合を除き、禁じられています。また、本書を代行業者等に依頼してスキャンやデジタル化することは、いかなる場合でも認められておりません。
※落丁・乱丁本の場合は弊社制作管理部（☎ 03-3520-9626）へご連絡下さい。送料弊社負担にてお取り替えいたします。

「PHPビジネス新書」発刊にあたって

わからないことがあったら「インターネット」で何でも一発で調べられる時代。本という形でビジネスの知識を提供することに何の意味があるのか……その一つの答えとして「**血の通った実務書**」というコンセプトを提案させていただくのが本シリーズです。

経営知識やスキルといった、誰が語っても同じに思えるものでも、ビジネス界の第一線で活躍する人の語る言葉には、独特の迫力があります。そんな、「**現場を知る人が本音で語る**」知識を、ビジネスのあらゆる分野においてご提供していきたいと思っております。

本シリーズのシンボルマークは、理屈よりも実用性を重んじた古代ローマ人のイメージです。彼らが残した知識のように、本書の内容が永きにわたって皆様のビジネスのお役に立ち続けることを願っております。

二〇〇六年四月　　　　　　　　　　PHP研究所